思わずだれかに話したくなる

身近にあふれる
「相対性理論」が
3時間でわかる本

齋藤 勝裕

$$E = mc^2$$

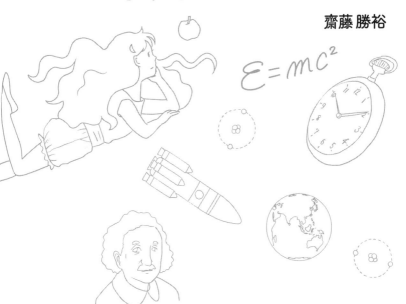

はじめに

　本書はかの有名なアインシュタインの「相対性理論」を、微分積分から逃げ回った数学嫌いの文化系の方々にも楽しく読めるように、分かり易く、易しく解説した本です。

　世の中にはユークリッドの「幾何学」、ニュートンの「プリンキピア」、マクスウェルの「電磁気学」、クラウジウスらによる「熱力学」、アインシュタインの「相対性理論」、ルイ・ド・ブロイらによる「量子論」など、大理論と呼ばれる理論が幾つかあります。これら大理論と呼ばれるものはどれもみな競い合うように難しく、「理解されてタマルカ！」というような顔をしています。

　しかし20世紀に入ってから確率された相対性理論と量子論は難しいだけでなく、素直には信じられないことが書いてあります。「そんなバカナ！」ということが次から次と出てきます。こうなると理解する前に、頭の箍（たが）を緩めてやわらかくする必要が出てきます。

　こういう理論を読み進むには「理解しよう」などと思わないことです。何と言われても構いませんから、ひたすら読み進むことです。すると「信じがたいこと」が頭に残るようになります。

　1回目はこれでＯＫです。あまり沢山は望まないことです。大切なのはその次です。1回目を最後まで読み通したら、その中身をあまり忘れないうちにもう一度読み直します。すると最初は信じられなかったことが「そうかもしれないな」と思えるようになっています。

こうなったらこっちの物です。部分的にでも理解できそうなところを理解するようにしながら読んでみてください。なにか面白そうなものが感じられるのでないでしょうか？

　そうです。相対性理論は面白いのです。まず。気宇壮大です。端のしれない宇宙を相手にするのです。光に乗って駆け回り、時間を超えて飛躍するのです。

　本書によって相対性理論を楽しんで頂けたら大変に嬉しい事と存じます。

2021年6月　齋藤勝裕

第4章 光速では時間が遅れる

第5章 光速では長さが縮む

第8章 粒子性と波動性

第9章 宇宙を構成する物

カバーデザイン：末吉 喜美
組版・図版　　　：RUHIA

第1章
相対性理論とは

01 アインシュタインより前の時代の物理学って？

> ここではまず、アインシュタインが登場する前に、物理学にはどのような捉え方があったのか見ていきます。

ここでまず特筆すべきなのが、産業革命前の17世紀に活躍したニュートンです。ニュートン[*1]は、静止している物体にはたらく力について研究する「静力学」[*2]に加えて、物体の運動を扱う「動力学」を確立しました。そして1687年、自分が確立した学問について『自然哲学の数学的諸原理』（略称：プリンキピア）全3巻にまとめ、公表しました。

◉絶対時間と絶対空間

ニュートン力学の前提となっているのは、「絶対時間」と「絶対空間」です。

私たちは通常、同じ時間の流れの中で生きていると思っています。眠っていても飛行機に乗っていても、どこにいても時間の進み方は変わりません。このように「何の影響も受けず、どこでも同じ速さで流れている時間」を「絶対時間」と言います。

物の長さを測るとき、家の中でも新幹線の中でも測定した数値は変わらないはずです。外からの影響を一切受けず、常に存在している空間のことを「絶対空間」と言います。

＊1　サー・アイザック・ニュートン（1642年〜1727年）　イギリスの自然哲学者、数学者、物理学者、天文学者、神学者
＊2　物理学の一分野で、静止している物体に作用する力の関係を扱う学問。静力学の歴史はアルキメデスの「てこの原理」や「浮力の原理」など古代ギリシャ時代にさかのぼることができる。

●運動の法則

『プリンキピア』は先ほど説明した「絶対時間」「絶対空間」の考えのもと

①3つの「運動の法則」

②二体間の遠隔作用としてはたらく力

をベースとして体系づけられました。②の力の例には、落下するりんごのエピソードで知られる"万有引力の法則"なども含まれています。

ニュートンの「運動の法則」は「慣性の法則（運動の第1法則）」「運動の法則（運動の第2法則）」「作用・反作用の法則（運動の第3法則)」の3つから成り立ちます。

a 慣性の法則

これは「外から力が加わらなければ、物体は静止したままか、等速直線運動*3を続ける」というものです。このような法則が成り立つ「系」を「慣性系」と定めました。

b 運動の法則

運動の法則は「物体に力が加わると、その力の方向に加速される（加速度が生じる）」「加速度は、その物体にはたらく力の大きさにともなって大きくなり、物体の質量が大きければ大きいほど作用しにくくなる」というものです。

さらに、この法則によって、質量は「その物体に力を与え、外

---

*3 直線上を一定の速度で移動する運動。

からの力による変化を妨げるもの」と考えられるようになりました。

c　作用・反作用の法則

　この法則は「すべての作用には、同時に『①等しく②反対向き』の作用がはたらいている」というものです。日常的に経験することを法則としてまとめたものです。

作用・反作用の法則

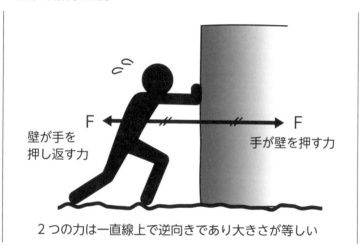

壁が手を
押し返す力

手が壁を押す力

２つの力は一直線上で逆向きであり大きさが等しい

02 17世紀以来の常識が揺らぎ始めた?

> ニュートンが『プリンキピア』を発表した1687年以来、同書は物理学における絶対的な存在でした。

　ところが、それからおよそ200年経った19世紀末、物理学の世界に二、三片の薄い雲のような問題が現れます。

　それは、光を伝える物質として仮想されていた「エーテル」と、様々な物を構成する「原子構造」の問題でした。これらはその後、物理学界を根底から覆すような大嵐を起こし「相対性理論」と「量子理論」という20世紀を代表する二大理論に成長していきました。

●絶対座標

　ニュートン力学では「絶対時間」「絶対空間」が前提とされていました。絶対空間の中には「絶対座標」が存在し、それは宇宙のすべての事象のもとになる「絶対に動かない原点」とされました。

　ところが学問の進歩に合わせて、これらの存在が揺らぎ始めます。

　ニュートンの時代と違い、当時はすでに「太陽を中心として惑星が動く」という地動説が通説でした。そのため地球に原点を置くことはできません。

さらに、太陽も銀河系内を動いていることがわかっていました。原点を銀河系の中心に置いたとしても、銀河系は他の星雲と引き合っているため位置は一定ではありません。

その結果、絶対座標など存在しない可能性が出てきました。この問題を解くことから発達したのが「相対性理論」だったのです。

◉消滅する原子

当時の物理学では、原子の構造を「大きな荷電を持った粒子の周りを、小さな荷電の粒子が円を描いて回っている」としていました。

しかし、当時の電磁理論では

①大きな荷電粒子の周りを小さな荷電粒子が回ると、それによってエネルギーが放出される

②エネルギーが減少した小さな粒子は、大きな粒子の周囲を回る半径をだんだん小さくしながら、らせん運動をする

③小さな粒子は最後、中心の大きな電荷を持つ粒子の中に落ちてしまう

ということになっていました。

これでは原子が消滅してしまいます。しかし宇宙誕生のその瞬間から今まで、原子は変わらず存在し続けています。

この問題を解決するための研究から生まれたのが「量子理論」でした。

らせん運動をして消滅する原子

このとき
Z>1

現代の物理学における原子の模式図

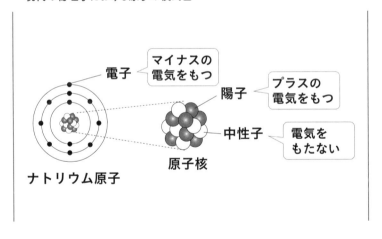

マイナスの電気をもつ

電子

プラスの電気をもつ

陽子

中性子

電気をもたない

原子核

ナトリウム原子

03 量子論はどのように生まれたの？

> 「物質は原子からできている」という考え自体は、古代ギリシャの時代からありました。

ギリシャ哲学の学派のひとつに、デモクリトス[*1]などに代表される「原子論」という考えがありました。彼らは、万物は原子（アトム）からできていると考えていたとされます。

しかし、彼らの考えていた原子は、あくまでも観念的な物で、物質としての「原子」ではありませんでした。

◉錬金術

時代が進むにつれて、中世のヨーロッパでは新たに「錬金術」が広まりました。

具体的な例で言うと「水銀などの安価な原子を、金などの高価な原子に変化させる」などといったもので「原子は反応を起こすことで他の原子に変化できる」という考えの上に成り立っていました。

錬金術

しかし錬金術は成功せず、いつしか否定されるようになります。その結果「原子は常に変化しない」という考えが作り出されました。

[*1] デモクリトス　紀元前460年ごろ～前370年ごろの古代ギリシャの哲学者。自然は、それ以上不可分な無数の原子の結合と分離によって生成・変化・消滅するという原子論を説いた。

●キュリー夫人

キュリー夫人

20世紀初頭になると、キュリー夫人によって「原子は不変ではない」ことが明らかになりました。彼女は、原子核が放射線を出して他の原子核に変化すること（放射性崩壊）を皮切りに、物質の様々な性質、反応を発見したのです。そして、彼女の発見を一つのきっかけとして相対性理論、特に「量子理論」が発展しました。

●放射性元素

放射性元素の発見は、有名な「$E = mc^2$」の式や中性子星、さらにそれが崩壊してできる「ブラックホール」など、様々な存在の解明につながりました。

とても小さな世界を扱う「量子論」と、非常に大きなスケールの「相対論」が互いに手を携えているのが現代の物理学です。そしてその両方の確立に貢献したのが、アインシュタインという巨人だったのでした。

コラム キュリー夫人の業績とは？

マリア・サロメア・スクウォドフスカ＝キュリー（1867年～1934年）は現在のポーランド（ポーランド立憲王国）出身の物理学者・化学者です。放射線の研究で、1903年に

女性初のノーベル物理学賞を受賞しました。さらに1911年にはノーベル化学賞を受賞、パリ大学初の女性教授職に就任しました。放射性元素のラジウムとポロニウムの発見や放射能の研究で知られるほか「放射能」という用語は彼女の発案によって作られたものです。「ポロニウム」という元素名は彼女の祖国、ポーランドにちなんで名づけられました。

　また、夫のピエール・キュリーも夫人とともに放射性元素の研究に従事し、1903年のノーベル物理学賞を夫人とともに受賞しました。しかし1906年に交通事故で亡くなりました。

　長女のイレーヌ・ジョリオ＝キュリーも放射性元素を研究し、1935年に夫のフレデリックと共にノーベル化学賞を受賞。キュリー家は家族4人で、総計5個のノーベル賞を獲得したことになります。

　そしてキュリー夫人が亡くなってから60年以上経った1995年、夫妻の墓はフランスの偉人を祀るパリの「パンテオン」に移されました。キュリー夫人は女性で初めてパンテオンに祀られた人物です。

アインシュタインが「特殊相対性理論」を発表したのは 1905 年のことでした。日本は明治 38 年で、ロシア革命や第一次世界大戦の約 10 年前の出来事です。

◉相対性理論とは

相対性理論というのはその名の通り「全ては相対的である」という立場から発展しました。

「相対的」とは、他との関係や比較で成り立っている様子のことを言います。

たとえば 1m の物がある場合、私たちは通常「誰が見ても、測っても 1m は 1m だ」と考えます。

しかし相対性理論では「見る人によって 1m の長さは変わる」「見る人によって 1 秒の長さは変わる」といった考えを持ちます。

◉相対性理論の内容

相対性理論は大きく「**特殊相対性理論**」と「**一般相対性理論**」に分けられます。

普通は「一般論」を言って、それから例外的な物を扱う意味で「特殊論」を言いそうなものですが、アインシュタインは逆でした。まず 1905 年に「特殊相対性理論」を発表し「一般相対性理論」はそれから 10 年後の 1915 〜 1916 年にかけて発表しました。

それぞれの主な内容は以下の通りです。

a　特殊相対性理論

「等速直線運動をする」という特殊条件の下での運動に関する法則で、主な結論として

①動いている物を見ると、長さが縮んで見える。

②動いている物を見ると、時間がゆっくり流れているように見える。

③光より速いものは無い

④光に近い速度のものにさらにスピードを加えることはできない。

⑤質量（m）とエネルギー（E）は、互いに置き換えられる（E＝mc²、cは光速を指す）。

などがあります。

b　一般相対性理論

「等速直線運動」という条件を外した全ての場合で通用する法則で、主な結論としては

①物体の周りでは、時間と空間が歪む。その歪みが重力である。

②光が絶対に抜け出せない「ブラックホール」が存在する。

③宇宙はビッグバンから始まり、今も膨張している。

などがあります。

では次章から、これらの内容を見ていくことにしましょう。

コラム アインシュタインはどんな人物だったのか？

アルベルト・アインシュタイン（1879年〜1955年）は、ドイツ・ウルム生まれの理論物理学者です。代表的な業績は特殊相対性理論および一般相対性理論、原子や分子などの粒子が不規則に動く「ブラウン運動」の数学的な解析や「光量子仮説」に

アインシュタイン

よる光の粒子と波動の二重性の研究などでした。それまでの物理学の認識を根本から変え、「20世紀最高の物理学者」とも称されます。1921年には「光量子仮説に基づく光電効果の理論的解明」によってノーベル物理学賞を受賞しました。

アインシュタインにはユーモアのセンスがあり、いくつかの逸話が残っています。そのいくつかを紹介します。

アインシュタインは同じ内容の講演を何度も行い、飽き飽きとしていました。その一方、彼の運転手は講演内容を全て覚えていました。

そこである講演会で、運転手がアインシュタインに変装して講演を行いました。アインシュタインは会場の座席でそれを聞きました。運転手は立派に講演を終えたのですが、最後に難しい質問が飛び出し、答えに詰まってしまいました。そのときアインシュタインが立ち上がり「実に簡単な質問だ、

その質問には運転手の私がお答えします」と言って回答した
そうです。

　また、アインシュタインの趣味はバイオリン演奏でした。
大変上手だったという話もありますが、プロに言わせると
「"relatively" good（相対的に上手）」だったのだそうです。

　また、アインシュタインは1921年にノーベル物理学賞を
受賞しました。受賞に際して評価されたのは「相対性理論」
ではなく「光量子仮説に基づく光電効果の理論的解明」によ
るものでした。

　その理由は「相対性理論があまりに革新的だったから」「ア
インシュタインが、当時差別を受けていたユダヤ人だったか
ら」など、様々な説があります。真実は当時の選考委員のみ
が知っていることであり、100年ほど経った今では知るよし
もありません。

第2章

相対性原理の基礎

01 「ガリレイの相対性原理」って?

> この章ではまず、天動説と地動説の話からアプローチします。

　太陽は毎日、東から出て西に沈みます。太陽が沈んだ後の夜空では、北極星を中心に全ての星が同心円を描いて回っています。昔の人が天動説を信じたのは当然のことと言えるでしょう。

　しかし観測手段が進化し、データが蓄積されると、天動説に疑問を持つ人が出てきました。その結果登場したのが「動いているのは地球であって、天は動かない」と考える地動説でした。

●天動説の根拠

ガリレオ・ガリレイ

　17世紀に活躍したイタリアの科学者、ガリレオ・ガリレイ[*1]は、ポーランド出身の科学者で16世紀に活躍したコペルニクス[*2]が提唱した地動説を信じ、それを裏づける観測データや理論を発表しました。ガリレイの考えは、亡くなってから250年も後にアインシュタインを動かし「相対性理論」構築の土台となったのでした。

---

*1　ガリレオ・ガリレイ（ユリウス暦1564年〜グレゴリオ暦1642年）イタリアの物理学者、天文学者。
*2　ニコラウス・コペルニクス（1473年〜1543年）。ポーランド出身の天文学者。

コペルニクスが地動説を発表した後も、多くの科学者は天動説を信じ続けていました。その根拠として彼らは

①もし地球が動いているのならば、地上から離れて浮いている空気は強い風となって吹き荒れるはずだ。

②ボールを上に投げたら、それが戻ってくるまでのわずかな間にも投げた人は地球と一緒に動くのだから、ボールは手元に戻らないはずだ。

　というようなことを挙げました。

ボールを投げ上げるとどうなるか？

ボールを
投げ上げる

ボールが戻るまでの間に
投げ上げた人は
地球とともに
移動している

◉帆船での実験

しかし、

①は「空気は地球から離れているのではなく、地球と一緒に回っている」と考えれば済む話です。

②に関してガリレイは、船のマストとボールを使って実験事実を示しました。止まっている帆船のマストの上からボールを落とすと、ボールは真下に落ちます。ところが、進行中の船のマストの上からボールを落としてもやはり真下に落ちたのです。

進行中の船を「宇宙を動いている地球」に置きかえて考えると、地球上で投げ上げたボールが手元に戻るのと同じことが宇宙空間においても起こっているにすぎないことが分かったのです。

マストの上からボールを落とすと？

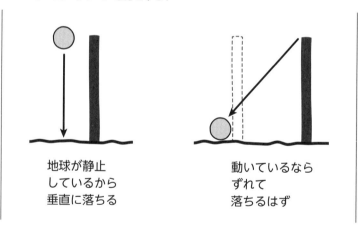

地球が静止
しているから
垂直に落ちる

動いているなら
ずれて
落ちるはず

●ガリレイの相対性原理

　このことからガリレイは「静止していても、一定の速さで動いていても、そこで起きる物体の運動に違いは現れない」と考えた。この実験に従えば、たとえ地球が動いていたとしても、地上で投げ上げたボールは手元に戻ることになります。これを「ガリレイの相対性原理」と言います。

　ところが、ガリレイは教会に呼び出されて地動説を撤回するように強制されました。そのときガリレイは「それでも地球は動いている」と言ったとされます。

02 等速直線運動ではどのようなことが起こるの？

前節で見た、ガリレイの船の上での実験で使われた帆船は、穏やかな風に吹かれて帆を膨らませ、波静かな海を滑らかに進んでいました。この時の船は方向を変えず（直線運動）、速度も一定（等速）でした。このような運動を一般に「等速直線運動」と言います。

●加速運動する場での物体の移動

次に、電車の中で手元のボールを上方に垂直に投げ上げてみましょう。もし電車が加速も減速もしていない状態（等速運動状態）で、カーブにも差し掛かっていない（直線運動状態）なら、投げ上げたボールはまた手元に戻ってきます。これは電車から降りた状態、つまり静止状態でボールを投げ上げたのと同じ結果です。

等速直線運動上でボールを投げ上げる

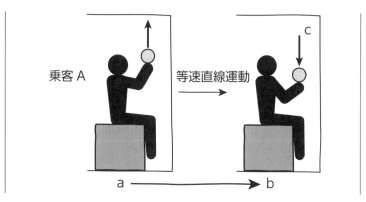

それでは、電車が加速している最中に同じことを行ったらどうでしょう？　たとえば発車直後の場合、電車は車体や乗客を前に押し出そうとエネルギーを使います。乗客は前方に押され続けているのです。

　しかし、投げ上げられたボールには、発車直後以降の「前に押し出す力」は伝わりません。そのため、ボールは前方に進むことはせず、結果として投げ上げた人の後方に落下します。

　電車がカーブを曲がっている時も同じです。投げ上げた人の手には戻りません。

●等速直線運動する場での物体の移動

　等速直線運動をする電車の中で、乗客Aによって上方に垂直に投げ上げられたボールは高さcまで上昇した後、またAの手元に戻ってきます。この軌跡について考えて見ましょう。

　Aの感覚からすると、投げ上げたものがそのまま手元に戻ってきたのですから、ボールは垂直に上下運動しただけに過ぎません。当然、ボールの軌跡は**図Ⅰ**のようになります。

　しかし、この状態を駅のホームにいるBが見るとどうなるでしょう。ボールを投げ上げてから、ボールを受け取るまでの間に、Aの位置はaからbに移動しています。そして、a地点で投げ上げられたボールがAの手元に戻ってきたということは、ボールも同様にaからbに動いたことになります。

　つまり、ボールはaからbに向かって放物線（**図Ⅱ**）を描いて移動したことになります。

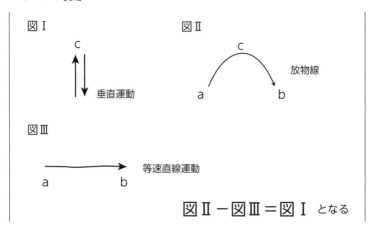

ボールの軌跡

図Ⅰ　　　　　　　　　　　図Ⅱ

c　　　　　　　　　　　　　c

垂直運動　　　　放物線

a　　　　　b

図Ⅲ

等速直線運動

a　　　　　b

図Ⅱ－図Ⅲ＝図Ⅰ　となる

　これは「等速直線運動をしている場での物体の運動（図Ⅱ）から等速直線運動の分（**図Ⅲ**）を差し引けば、静止場での運動と同じ（図Ⅰ）になる」ということを示しています。

　つまり、等速直線運動をしている場では「全ての物理法則は静止場と同じように成り立つ」のです。これは日常で経験できることですが、まさしく相対性原理の基本になる考えなのです。

加速度がはたらくと、物体はどうなるの？

加速度が働いていない状態での物体の動きは、前節で見た通りです。
それでは、加速度が働いている場合はどうなるのでしょう？

ある物事や現象を「どの立場で見るか」という視点のことを**「系」**と呼びます。

系はさらに、加速度の働いていない状態を指す**「慣性系」**と加速度が働いている状態を指す**「加速度系」**に分けて考えることができます。

◉慣性系

慣性系は「静止している」あるいは「等速直線運動をしている」物、および「そこから見える世界」のことを指します。特に静止している系については独自に**「静止系」**と言うこともあります。

静止系は、その言葉の通り「動いていない"系"」のことです。つまり、止まっている電車とその中から見える世界のようなものです。それに対して「等速直線運動している"系"」は、動き出した電車が一定の速度に達した後、その速度のまま直線運動をしている状態、およびその電車から見える世界のことを言います。これらを全て合わせて「慣性系」と言います。

●加速度系

一方で電車が速度を変えたり、カーブに差し掛かったりした場合、それは等速直線運動ではないので、その電車に働いているものは慣性系ではないことになります。

そこで発生するのが、慣性系と対をなす「加速度系」あるいは「非慣性系」です。加速度系とはつまり速度を変えている最中の電車、およびそこから見える世界のことをいいます。また、進行方向を変えることも加速のひとつです。つまり、カーブを走行している時の"系"も加速度系となります。

一方、加速度系でも「速度の変化」あるいは「方向の変化が止まった」場合、その瞬間に動きの分類は「慣性系」になります。

なお、加速度系の状態にある物体には力Fが加わっています。物体の質量をm、加速度をαとして、力を式で表すと

$$F = m \alpha \,^{*1}$$

となります。

●等価原理

天体（宇宙）にある質量mの物体は、天体の重力加速度gによって「$E = gm$」[*2]という式で算出できる量の力を受けます。これを特に「重量」と言い、記号Gで表します。

---

*1　力Fは質量mに比例し、加速度αは力Fに比例し、質量に反比例する。
*2　Eはエネルギー量を指す。

つまり、先ほどの式は

$$G = gm \quad *3$$

ともなるのです。

　天体の重力によって生じる力Gと加速度によって生じる力Fについて「実験によって原理的に区別できないのなら、両方等しいことにしてしまおう」とされました。これを「等価原理」と言います。

　等価原理のおかげで、天体の重力系を、地上で実験可能な加速度系に置き換えて考えることができるようになったのです。

　アインシュタインはまた「重力系にある物体も加速度系にある物体も含めた全ての物体において、自然の法則は同じように成り立つ」と考えました。これが「一般相対性理論」の基本になる考えです。

　このような、極めて分かり易い原則を吟味し、その意味を発展させてゆくと、あの「常識では理解できないような」壮大な事象が姿を現すのです。その続きは次章以降で詳しく見ることにしましょう。

＊3　重量Gは重力加速度gと質量mに比例する。

第3章

光速不変の原理

01 そもそも「光」ってなに?

現代科学を支え、リードする二大理論、それが相対性理論と量子理論です。大まかに言うと「相対性理論」の研究対象は宇宙で「量子理論」の対象は電子、原子です。そして、このどちらの理論でも重要な役割を果たすのが「光」です。

◉光とは?

光は、電波などと同じ「電磁波」という波動です。

電磁波の波の長さ(波長)は、1mの数百億分の一という非常に短いものから、数kmあるいはそれ以上のものまで幅広く存在します。そのうち、人間が目で見ることができるのは400〜800nm(1nmは1メートルの10億分の1の長さ)の波長を持つ電磁波だけです。この範囲内にあるものを一般に「光」と呼びます。

太陽から送られてくる光は「白色光」と言われ、色が無いように見えます。ところがこれをプリズムで分光すると、いわゆる虹の7色[*1]に分かれます。この7つの色が光の成分なのです。

[*1] 虹が7つの色でできていると考えるのは日本人の特性。何色でできているか、という考え方は民族によって異なる。

光の成分

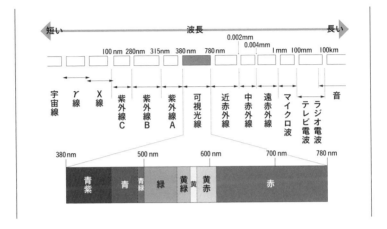

さらに光にはエネルギー（E）があり、

$$E = h\nu = ch/\lambda$$

という式で大きさを計算できます。

　なお、この式でのν（ニュー）は振動数、λ（ラムダ）は波長、cは光速、hは「プランクの定数」を指します。

　プランクの定数は、光子のもつエネルギーと振動数の比例関係をあらわす比例定数のことで、量子論を特徴付ける物理定数でもあります。名称は、量子力学の創始者の一人であるマックス・プランク[*2]にちなんでつけられました。なお「作用量子」と呼ば

---

*2　マックス・カール・エルンスト・ルートヴィヒ・プランク（1858年〜1947年）ドイツの物理学者。黒体（すべての周波数の電磁波を吸収し、再放射する仮想的物体）から出る放射現象を説明する「プランクの法則」を発見し、そこから「E＝hν」で表されるエネルギーの量子仮説を見出した。これによって量子論の創始者の一人となり、功績が評価されて1918年にノーベル物理学賞を受賞した。

れることもあります。

●光の成分

　白色光をプリズムで分類すると、赤、橙、黄、緑、青、藍、紫の7つの色に分かれます。虹の色でもおなじみですね。この並びは波長が長い順になっており、赤が最も長く、紫が最も短いです。

　そして光は波長が短いほどエネルギーが大きくなるので、ここで最大のエネルギーを持つのは紫の光となります。

　紫よりさらに波長の短い電磁波を「紫外線」や「X線」と呼びます。屋外などで紫外線に当たりすぎると、皮がむける等の皮膚障害が出るのは、これらの高いエネルギーのせいです。

　一方で、赤よりさらに波長の長い電磁波を「赤外線」と言います。赤外線は目に見えませんが、皮膚で熱として感知することができます。そのため、赤外線は別名「熱線」とも言います。

　なお、相対性理論では「光の速度」、量子理論では主に「光のエネルギー」が議論の対象となります。

02 光の速さは常に同じなの?

相対性理論には「光速は世の中で最も速く、その速さは決して変わらない」という大前提があります。はたして本当でしょうか?

●光速は変わる

結論から言うと、光の速さは変わります。

光は、真空の中では秒速30万km、つまり1秒間に地球を7周半する速さで進みます。ところが空気中では、速さは真空中と比べて99.97%に落ちます。さらに水中では75%、ダイヤモンドの中ではなんと41%と、半分以下にまで遅くなります。

●相対性理論の主張

相対性理論の発表当時、光については「あらゆるものの中で最も速く移動する(らしい)」「その速度は真空中で秒速30万kmであるが、物質中ではその速度が変化する」ということが知られていました。

しかし「観測者や発光体の速度に関係なく、常に一定」などと言うことは想像さえされていませんでした。観測データももちろん存在せず、この論は常識に真っ向から反するものでした。

●「光速不変」の意味

ここで相対性理論の主張について、野球を例に考えてみましょ

う。

　ピッチャーが時速150kmのボールを投げると、そのボールは静止しているバッターに向かって時速150kmで近づきます。

　そこでもし、バッターがピッチャーに向かって時速20kmで走りだしたとすると「バッターに対する」ボールの速度は150km＋20km＝170kmになります。

　そして反対に、マウンドからバッターボックスに向けて時速50kmで自動車を走らせて、中からピッチャーが投げているボールを見たとすると「自動車の中から見た」ボールの速度は150km－50km＝100kmになります。これが常識とされています。物体の速度は、その条件によって加減されるのです。

　ところが相対性理論では、観測者が光に向かって移動しても、光源が観測者に対して移動しても、速さは秒速30万kmのままで変わらないと主張するのです。

　この奇妙な主張はその後正しい（らしい）ことが明らかになっています。1964年、光速の99.975％という、ほぼ光速に近い速度で運動する「π（パイ）中間子」[1]から出る光の速さを測定する実験が行われました。なんと、そこで計測された光の速度はやはり秒速30万kmでした。

　常識的に考えれば、最大30万＋30万で秒速60万km、あるいは30万－30万で静止、もしくはその中間となるはずです。とこ

＊1　原子核を構成する粒子「核子」を結合している力である「核力」を媒介する素粒子の一種。当時大阪大学の講師であった湯川秀樹が、その存在を中間子論で予言した。予言の通り、1947年に「荷電π中間子」、1950年に「中性π中間子」が発見された。これらの業績により湯川は1949年に日本人初のノーベル賞（物理学賞）を受賞した。敗戦の傷が癒えない時代であり、社会に明るい話題となった。

ろが、実際は光の速度は秒速30万kmから変わらなかったので
す。光の速度は観測条件によって左右されず、どのような場合で
も、秒速30万kmなのです。

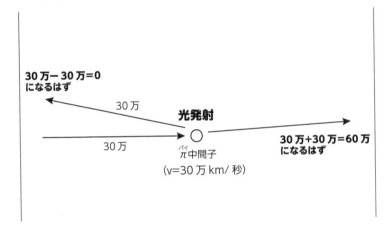

π中間子の速さを測る

03 光を伝える物質って？（エーテル）

先述の通り、光は「電磁波」に分類される波動です。このことは、19世紀の科学者たちの間でも広く知られていました。

◉媒質としてのエーテル

波には、それを伝える媒体が必要です。水面の波は、水という媒体があることで成立します。音波は空気という媒体があることで初めて、秒速340mという速さで進むことができるのです。

それでは、光を伝えるものは何でしょう？　それを当時の科学者は「エーテル」だと信じていました。太陽の光が地球に到達できるのは、太陽と地球の間に**エーテル**という物質が存在しているからだと考えたのです。

しかし「エーテルとはどういう物か」という問いに答えられる科学者は誰もいませんでした。

◉マイケルソン・モーリーの実験

この疑問を解き明かそうとした科学者がいました。アメリカの科学者、アルバート・マイケルソン[1]と、エドワード・モーリー[2]です。1887年、二人は後に「マイケルソン・モーリーの実験」と呼ばれることになる有名な実験を行いました。

その実験装置は下図のようなものでした。

---

[1]　アルバート・エイブラハム・マイケルソン（1852年～1931年）アメリカの物理学者、海軍士官。光速度やエーテルについての研究を行った。

[2]　エドワード・ウィリアムズ・モーリー（1838年～1923年）アメリカの物理学者。マイケルソンとマイケルソン・モーリーの実験を行った他、大気の酸素成分の研究、熱拡散、磁場中の光速の研究をおこなった。

マイケルソン・モーリーの実験

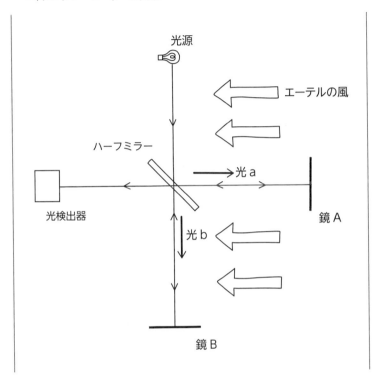

　光源から出た光は図の中央にあるハーフミラーに当たります。当たった光のうちの半分（光a）は反射されて鏡Aに当たり、そこでさらに反射された後に直進して光検出器に到達します。この経路を「経路A」としましょう。

　一方、最初のハーフミラーで反射されなかった残りの半分の光

マイケルソン

モーリー

（光b）はそのまま直進して鏡Bに反射し、さらに次のハーフミラーで反射して光検出器に到達します。この経路を「経路B」とします。

　もしエーテルが存在し、その"風向き"が図のようなものだとしたら、経路Aを進む光aは、行きは「向かい風」、返りは「追い風」に吹かれることでエーテルの影響は相殺されます。しかし光bは、行きでも帰りでも「横風」を受けます。この結果、光aとbの速度に違いが発生し、干渉が生じます。光検出器への到達時間にも差が出るはずです。

　ところが、何回実験を繰り返しても、両方の光の到達時間は同じでした。

　この実験によって、科学者たちはエーテルの存在に疑問を持つようになりました。そしてついに<mark>アインシュタインによって、エーテルは完全に否定された</mark>のでした。

　マイケルソンはこの実験によって、1907年にノーベル物理学賞を受賞しました。これは科学部門における、アメリカ人初のノーベル賞受賞でした。

04 光の速さは計測できるの？

> 光の速度は秒速30万km。1秒間に地球を7周半もする、とんでもない速さです。こんなに速いものの速度を一体どのようにして計測したのでしょう。

●光速を測る

光の正体は、長い間解明されていませんでした。「光は粒子だ」という説と「光は波だ」という説が対立していたのです。

レーマー

そればかりでありません。光の速度も問題でした。光の速度は測定不可能とされ、その結果「速度は無限大だ」とすら考えられていました。

この光の速度の問題に決着をつけたのは、デンマークの天文学者オーレ・クリステンセン・レーマー[1]でした。1676年、レーマーは光の速度が有限であることを示しただけでなく、おおよその速度を測定したのでした。日本で言うと、徳川綱吉が五代将軍になる5年前の話です。

●木星の衛星の運動

レーマーが解明に用いたのは天体運動、特に木星の衛星の一つである「イオ」の動きでした。

---

[1] オーレ・クリステンセン・レーマー（1644年〜1710年）デンマークの天文学者。1676年に初めて光速の定量的測定を行った。また「水の沸点と融点」の2つの定点の間の温度を示す、現代的な温度計を発明した。

イオは月食や日食と同様に「食」を起こすことが知られていました。木星がイオと地球の間に入り、イオを隠すのです。レーマーが季節ごとに食が始まる時間を計ると、開始時刻は、太陽の周りを公転する地球の位置によって異なっていることがわかりました。

イオの食が始まる時間には違いがある

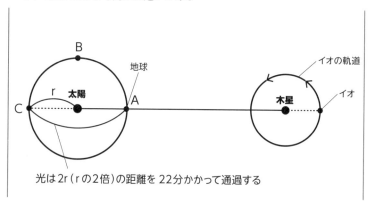

光は2r（rの2倍）の距離を22分かかって通過する

地球が位置Bにいた季節を基準にすると、それより1/4周離れたAでは食が11分早く始まり、反対方向に1/4周離れたCでは食が11分遅く始まっていました。

レーマーはこの現象について「食が始まった瞬間の光が地球に届くまでの時間に差があるせいではないか」と考えたのです。

つまり、A地点とC地点での時間の開きの11＋11＝22分は、光がAからCに移動するための所要時間だと考えたのです。この

ように考えると、後は単純な計算の問題になります。

当時すでに地球の公転軌道の半径は知られていたので、それをもとにしてレーマーは、光の速度を「秒速21万キロメートル」と算出しました。

●レーマーの観測の意義

この速度は正確な値（秒速30万km）に比べれば小さすぎる値です。しかしこれはレーマーのせいではなく、当時の地球の公転軌道の半径とされていた値がかなり小さかったことに原因があるようです。

この実験の意義は、当時速度が「無限大」とされていた光の速度が有限であることを合理的に示した点にあります。これは、人類の科学史に残る偉大な発見と言うべきではないでしょうか。

05 光より速いものは存在するの？

相対性理論では「質量は速度と共に大きくなり、光の速さに達すると無限大になる」と主張します。つまり「光速を越える速度は存在しない」ということです。はたして本当にそうなのでしょうか？

●重大発表

2011年9月、名古屋大学、神戸大学、ヨーロッパ国際研究実験グループなどから成る共同研究チームが、重大な発表をしました。その内容は一般向けのテレビニュースでも繰り返し放送され、多くの視聴者が固唾をのみました。

それは、アインシュタインの相対性理論に反して「光より速く飛行する素粒子」が発見された「かもしれない」というニュースでした。ここで主張されたのは「光子が30万km飛ぶ間（1秒間）に、それよりも7.4km先に行く素粒子がある」というものでした。

●ニュートリノ

光より速いとされたのは「ニュートリノ」という、物理学界では名の知られた素粒子でした。ニュートリノは、原子核反応で中性子が陽子とβ線（電子）に分解する際に発生するものです。岐阜県の神岡鉱山の地下には「カミオカンデ」[*1]という日本が世界に誇るニュートリノ観測施設があり、そこでの結果をもとにして2002年に小柴昌俊さん、2015年に梶田隆章さんがノーベル物理学賞を受賞しました。

---

*1　第10章-2「星の爆発が日本で観測された？（カミオカンデ）」参照

ニュートリノとは？

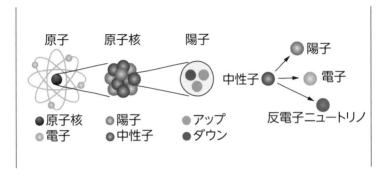

　この実験で得られた事実が本当だとすると、世界中の科学界に
与える影響は計り知れません。そのため発表は慎重に構えたと言
います。このニュースが流れた後、多くの人は「これを受けて物
理学界はどのように対応するのか」と、成り行きを見守りました。
　しかし、実験装置などへの厳密な検証を行った結果、残念なが
らこの結果は「光速と実験誤差内で同じだ」ということが明らか
になり、発表は撤回されました。

●タキオン
　飛行速度が速い素粒子としては「**タキオン**」が知られています。
この粒子は「最高速度も最低速度も光を超える速さ」という特徴
を持つ粒子で、名前もギリシア語の「速い」を意味する「タキス」
にちなんでいます。
　しかし、残念ながらまだ発見されたことがなく、実在するかど

うかは不明です。

　意外（意外な可能性がある）なのは光子です。最近になって「光子の多くは集団で飛ぶ」という説があらわれました。その説によると「一般に知られている光子の速さは集団の平均速度で、グループの中には時折トップを切って走るものがある。その速度は（平均）光速より速い」と言うのです。

　また「物質の飛行速度でなく、移動速度で表したら」「空間を曲げて移動するワープ航法なら」光速よりも速くなる、と言う説もあります。こうなると、粒子がワープ航法で移動したら、それは速度ではないのではないか？という新たな問題が起きることになります。光の速さについての問題はまだまだ続きそうです。

光子を競走させてみると？

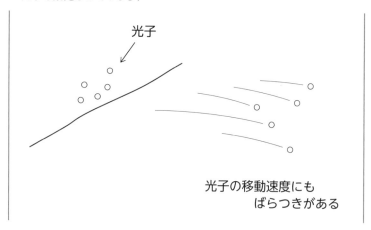

光子

光子の移動速度にも
　　ばらつきがある

052

ここで注意しておきたいのは「光速は最高速度」とする相対性理論大前提は決して「明らかな事実」ではないということです。相対性理論は未だ検証段階なのです。きっと、この検証を通して「次世代の大理論」が生まれてくるのでしょう。

第４章

光速では時間が遅れる

01 時間の速さはみんな同じなの？

相対性理論と聞くと「宇宙旅行をしていると歳を取らない」などといった様々な不思議な現象が思い浮かびます。しかし、それはあくまで「日常的な感覚から見ると不思議だ」ということであって、相対性理論の中で考えれば当たり前のことなのです。

ただし、この理論は「光速」という現実離れした条件下でのみ、意味が生じるので「日常生活でこんなことが起こったらどうしよう」などと考える必要はありません。

ここでは相対性理論の下で想像できる不思議な現象を、思考実験[*1]で見てみましょう。

◉「同時」とは？

2章で述べた通り、等速直線運動する電車の中でボールを真上に投げ上げた場合、同じ電車の乗客から見るとボールの動きはただの垂直の上下運動にすぎません。しかし電車の外にいる人から見ると、ボールは放物線を描いて進行していることになります。このように、物体の動きは見ている人の位置によって異なるのです。

時間でも、同じような現象が起こります。

図の宇宙船は、光速に近い一定の速さで左から右に進んでいます。その中に、図のような実験装置を組みます。

---

*1 頭の中で想像することで行う実験のこと。科学の基礎的な原理に反しない限りで「摩擦のない運動」「収差のないレンズ」など極度に条件を単純・理想化された前提で考える。
なお、アインシュタインは16歳の頃「光を追いかけている自分自身」を思い描く思考実験を始め、それが後に相対性理論に結びついた。

宇宙船の中でこのような実験装置を組む

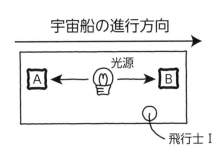

宇宙船の進行方向

光源

A B

飛行士 I

　装置は、このような構造です。まず中央に光源を置き、その左右等距離の所に左A、右Bの2台の光検出器を置きます。この検出器に光が入ると、それと同時に検出器は光を放ち、光源の光が届いたことを周囲に知らせます。

　この装置の動きを、宇宙船の中で宇宙飛行士Iが観測したとします。光はいかなる場合でも同じ速さで進みますから、光は光検出器A、Bに同時に到達します。当然、AとBは同時に光ります。

◉同時性の相対性

　先ほどの実験は、宇宙船の中で光が発射し到着する様子を、乗っている飛行士が見たものでした。今度はこれを、宇宙船の外の停止した場所にいる宇宙飛行士IIが見た場合を考えてみましょう。先述の、電車の外のホームで投げ上げたボールを見ている時

と同じことです。

宇宙船の外から実験を観察する

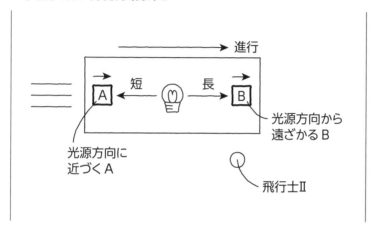

この場合宇宙船、すなわち実験装置は左から右に移動しています。そして光源から出た光は左右両方向に同じ速度で飛んでいます。一方の光検出器Aは、光源に向かって移動しています。光検出器Bは光源方向から遠ざかっています。

さて、光源から出た光はどうなるでしょう？　考えるまでもなく、光検出器Aに先に到達するでしょう。

つまり、宇宙船の中にいた飛行士Ⅰにとっては「同時」だった光検出器の発光が外にいた飛行士Ⅱには、ずれて見えるのです。あえて分かりにくい言葉で言えば、飛行士ⅠとⅡはそれぞれ「別の時間」に従っていると言ってもよいでしょう。

この現象を相対性理論では「同時性の相対性」と言います。

02 光速で移動すると、年を取るのが遅くなるの?

> これは、相対性理論の中でも最も有名な命題のひとつで「光速で運行する宇宙船に乗っている飛行士は、年を取るのが遅くなる」というものです。

●ウラシマ効果

共に30歳になる、二人の同級生がいたとしましょう。その片方が宇宙飛行士になり、光速の宇宙船で30年間飛行を続けました。任務を終えて地球に戻ってくると、飛行士の方は48歳でしかないのに、地球に残っていた同級生は60歳になっているという、まるで浦島太郎のような話です。

実は、これは相対性理論をもとにした合理的な帰結なのです。その理由を考えてみましょう。

例として「光の半分の速さで飛ぶ宇宙船を地球上から見ている」とします。このとき、宇宙船に乗っている飛行士が、そこから30万km離れた鏡に光を発し、それが反射して戻ってくる時間が2秒であったとしましょう。

次に、地球上で高さ30万kmに鏡をセットし、宇宙船の中と同じ実験をしたとします。光の速さは不変なのですから、光が鏡に反射して戻ってくるには宇宙船と同じように2秒かかります。

●地球上での実験

　ところで、宇宙船の中で行った実験を地球上で観察したらどうなるでしょう？　この場合、先に見た「等速直線運動」をする電車内で投げ上げたボールの動きと同じようになります。

　宇宙船の中で飛行士が光を発射した地点をaとすると、その反射光を受け取る時には、飛行士の位置は地点bまで進んでいます。

　これは、宇宙船の中の光は地点aから地点aに戻らず、aから30万km離れた鏡に行き、その後地点bに行ったことを意味します。この場合、aから鏡までの距離は30万kmよりも長く、同様に鏡からbまでの距離も30万kmより長くなっています。

　つまり、宇宙船の中の光は往復で60万km以上の距離を移動しているのです。

光の往復距離は長くなる

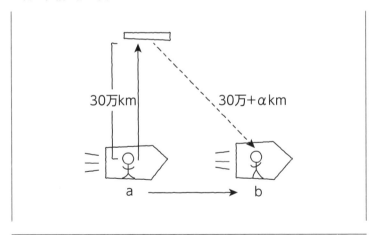

30万km　　　　30万+αkm

a　　　　　　　　b

**光速で移動すると、
時間はどれくらい遅れるの?**

> 前節での考察をもう少し進めてみましょう。意外なことが明らかに
> なってくるでしょう。

◉時間が遅れる

先ほどの実験では、同じ2秒という時間の間に光は地球上で60万km、宇宙船の中ではそれよりも長い距離を進んでいます。

光の速度については「真空中ならどこでも同じ」という大前提があるので、これは「宇宙船の中では、地球上よりも時間がゆっくりと進んでいる」ということになります。宇宙船の中での2秒は、地球上での2秒より長いのです。

ただし、このような現象が観測されるのは、宇宙船が光速に近いとてつもない速さで動いている場合のみです。

そのため、日常生活で体験するような"高速"では、観測の網に掛からないほど小さいということなのです。

◉計算例

それでは、宇宙船の時間はどれくらい遅れるのでしょうか?計算してみましょう。ここで使うのは、中学校や高校で習う「三平方の定理」です。

三平方の定理は、直角三角形の「斜辺の長さの二乗」は他の2辺の「長さの二乗の和に等しい」と言うことを証明するものです。

式に起こすと

$$z^2 = x^2 + y^2$$

となります。

　図は、前節で紹介した実験のイラストをもとにしたものです。地球上の1秒に対して宇宙船の速度をv、宇宙船の中の1秒をTとします。すると、図のような直角三角形を描くことができます。

　底辺xは「地球から見た宇宙船が時間Tの間に進んだ距離」、斜辺zは「地球から見た宇宙船内の光の軌跡」、辺yは「光速c（30万km）」です。

　この式から、Tを求めることができます。

　宇宙船の速度を光速の80％、つまり「0.8c」とすると、図に示したように宇宙船での1秒は「地球上での1.67秒」、逆に言うと「地球上での1秒は宇宙船内では0.6秒に過ぎない」ということになります。年に置き換えると、地球上での1年は宇宙船の中では0.6年、7か月ほどになるのです。

三平方の定理を使った、時間の遅れの計算式

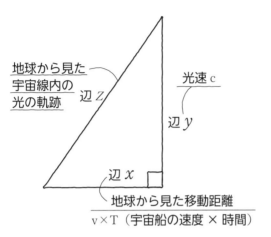

地球から見た
宇宙線内の
光の軌跡 — 辺 Z

光速 c
—
辺 y

辺 x

地球から見た移動距離
————————————
v × T（宇宙船の速度 × 時間）

$(cT)^2 = (vT)^2 + c^2$

$T^2(c^2 - v^2) = c^2$

$T = \dfrac{c}{\sqrt{c^2 - v^2}}$

v = 0.8c とすると

$T = \dfrac{c}{\sqrt{c^2 - 0.64c^2}} = \dfrac{c^2}{0.36c^2}$

$= \dfrac{1}{0.6} = 1.67$

04 時間の遅れ具合を表す指標がある？（ローレンツ因子）

> 宇宙船の中での時間が「静止系（地球上）と比べてどれくらいゆっくり進むか」を表した指標として、ローレンツ[*1]という物理学者がとなえた「ローレンツ因子」があります。

●ローレンツ因子

たとえば「ローレンツ因子＝2」という表記は「船内の時間は地球（静止系）上の時間に比べて2倍遅く進む」ことを意味します。地球上の2秒間は船内での1秒、地球上の20年は船内の10年にあたる、ということです。

ローレンツ因子は我々が通常経験しうる速度だと、ローレンツ因子はほとんど1です。つまり、地球との時間の違いは（ほぼ）ありません。

●光速宇宙船での時間

しかし、宇宙船の速度が上がると両者の時間に違いが生じてきます。宇宙船の速度が光速の0.9倍に達すると、ローレンツ因子は2.3にまで大きくなります。

これはつまり、宇宙船内での20年が地球時間では46年になる、ということです。

ここで前々節と同じように、30歳になる同級生の片方は地球に残り、もう片方は光速の80％で飛行する宇宙船に乗ったとします。地球に残った方は30＋30＝60歳になりますが、宇宙船

---

*1　ヘンドリック・アントーン・ローレンツ（1853年～1928年）
　　オランダの物理学者。「原子を磁場の中におくと、通常は単一のスペクトル線が複数に分裂する」という「ゼーマン効果」の発見とその理論的解釈により、ピーター・ゼーマンとともに1902年にノーベル物理学賞を受賞した。

に乗った方は30＋（30×0.6）＝48歳ということになってしまいます。地球上で再会してびっくり、ということになるのです。

速度に対するローレンツ因子の値

速　度　V	ローレンツ因子 γ	船内時間 τ	地球時間 t
0	1	1 年	1 年
0.1	1.005	1	1.005
0.2	1.021	1	1.021
0.3	1.048	1	1.048
0.4	1.091	1	1.091
0.5	1.155	1	1.155
0.6	1.250	1	1.250
0.7	1.400	1	1.400
0.8	1.667	1	1.667
0.9	2.294	1	2.294
0.99	7.089	1	7.089
0.999	22.366	1	22.366
0.9999	70.712	1	70.712
0.99999	223.61	1	223.61
0.999999	707.11	1	707.11

＊Ｖ：光速に対する割合

05 時間の遅れと相対性理論の関係って？

> 相対性理論は「全てを同じ立場として、その間の関係を吟味する理論」です。これまでの議論で出てきた「宇宙船」と「地球」も同格です。地球から見たら宇宙船が動いていますが、宇宙船から見ると、動いているのは地球だということになるのです。

●宇宙船も地球も等速直線運動をしている

　二つの物体が同じように等速直線運動をしている場合、この二つの物体のうちのどちらが静止してどちらが運動しているのか？と問うことはできません。どちらも同様に動いているのです。

　これまでは「地球が静止して宇宙船が動いている」前提で考えましたが、それを反転させて「宇宙船が静止して、地球が動いている」前提から考えることもできます。

　すると、これまでの議論は全く逆になります。宇宙船から見ると、地球の時間の方が遅れていることになります。つまり「どちらの時計も相手の時計に対して遅れている」というのは矛盾となります。

●別々の物の比較

　たとえば宇宙船内の光源から光が出た瞬間に、地球上と宇宙船内にいる二人が同時にストップウォッチのスイッチを押したとしましょう。

　宇宙船内のストップウォッチが1秒を刻んだと同時に宇宙船内

の飛行士が地球上のストップウォッチを見ると、未だ1秒経っていません。宇宙船から見ると地球上の時間が遅れているのです。

　一方、地球上の観測者が宇宙船内のストップウォッチを見て、そのストップウォッチが1秒経過したと同時に自分のストップウォッチを見ると1秒を越えていることがわかります。つまり宇宙船の時間の方が遅れているのです。

　これは**宇宙飛行士の同時と地球上の観測者の「同時」が一致していない**ことを示します。結局両者は別々の物を比較していることになるのです。「相手の時計が遅れている」と言うのはどちらも正しいのです。時間が遅れるのはお互い様、ということになります。

浦島太郎の話が実際に起こる？（双子のパラドックス）

> このような時間の議論で必ず出てくるのが「双子のパラドックス」です。

●どちらが歳上になるか？

　双子の兄弟AとBがいたとしましょう。兄Aは宇宙飛行士になって光速に近い宇宙船に乗って宇宙探検をし、何年後かに地球に帰還しました。Aは光速で運動していたので時間は地球よりもゆっくり進んでおり、歳を取るのが遅くなります。地球で待っていた弟のBと対面した時には、Bの方が歳を取っていたことでしょう。

　ところが、果たして本当にそうでしょうか？　先に見たように、運動は相対的なものです。宇宙船から見れば、運動していたのは地球の方です。したがって時間が遅れたのは地球、より若く見えるのはBとなるはずです。これが「双子のパラドックス」です。

　しかし、実はこの話には落とし穴があります。それは、地球は等速直線運動している慣性系だとみなせる一方、宇宙船はそうではないということです。宇宙船は進む際に加速と減速を繰り返しており、スピード調整の途中で慣性系ではなくなります。このような効果が作用することで「時間が遅れるのは宇宙船だ」となるのです。

●寿命が延びた実例がある?!

　しかし、実際に歳を取らずに長生きをする例があります。それは「素粒子」です。

　宇宙から飛んできた宇宙線が地球大気の原子核と衝突すると「ミューオン」と言う素粒子が発生します。ミューオンは非常に不安定な素粒子で、静止した状態での平均寿命は2.2マイクロ秒です。ミューオンは光速に近い速度で飛びますが、2.2マイクロ秒の間に進むことが出来る距離は660メートルほどに過ぎません。

　ところが、高度20kmほどの高空で発生したミューオンが地上に到達し、観測機器で観測されているのです。これは、ミューオンが光速に近い高速で運動したことで時間が遅れ、寿命が30倍ほどにも延びたことを意味します。

第5章
光速では長さが縮む

01 光の速さで飛ぶと、宇宙船の長さが縮む？

熱力学に反応速度論、素粒子論など、科学には難しい理論がたくさんあります。その中でも特に、相対性理論は難しい分野とされています。それはなぜでしょう？

◉相対性理論と常識

それは、私たちにとって日常的な物事を扱いつつ、常識をはるかに超える現象を予言しているからではないでしょうか。

私たちは普段、時計と物差し（定規）を使って生活しています。そのため、ニュートンの「絶対座標」と「絶対時間」が感覚的に身についています。

長さはどこで計ろうと一緒で、時間は場所を問わず同じ速さで進むと思っています。ところが相対性理論では「高速になると時間は遅れる」という、常識とは違うことを予言します。その結果、私たちは相対性理論に拒否反応を示したり「難しい」という感情を持ったりしてしまうのです。

◉ローレンツ収縮

相対性理論の中で、「時間の遅れ」同様に受け入れがたいとされるものの一つに「ローレンツ収縮」があります。これは「高速になると物体の長さが短くなる」というものです。名前は、最初に指摘したヘンドリック・ローレンツ[1]にちなんでつけられました。

---

*1　ヘンドリック・ローレンツ　1853年〜1928年。オランダの物理学者。

長さ100mの宇宙船が光速の80％、つまり秒速24万kmで進むと、その宇宙船の長さは60mほどに縮んでしまうと言うのがローレンツ収縮の予言です。

　ただし、縮むのは進行方向に伸びる長さだけで、宇宙船の高さや幅は変わりません。ですから、宇宙船は前後につぶれたような形になるのです。そして光速に近付くとペシャンコにつぶれてしまいます。

◉物体は圧縮される？

　それでは長さが縮んだ物体はどのように見えるのでしょうか。もし物体（宇宙船）の中に乗員がいたら、その人たちはどうなるのでしょう？

　長さが縮んだ宇宙船に乗っている宇宙飛行士は、宇宙船と同じように体が薄くなります。進行方向に沿って置いたベッドに横になったら、身長は1mほどになってしまいます。

　しかし心配はありません。前章で見た「時間の遅れ」と同様、宇宙船の外から縮んで見えるだけです。宇宙船の乗組員にとっては何の変化も起こっていません。長さを計る物差しそのものが短くなるので本人に扁平になった自覚は起きませんし、同僚の様子も普段と変わりません。変わって見えるのはあくまでも、外から見た宇宙船の姿だけです。

ローレンツ収縮

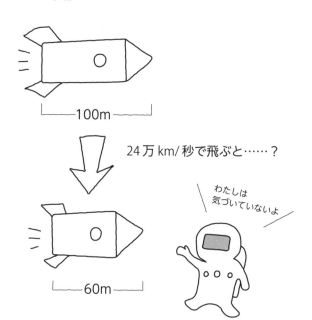

速度が上がると縮む理由って?

> ローレンツ収縮のような不思議な現象が起こる原因を考えてみましょう。

●宇宙船の長さを計る

　光の半分の速さで飛行する長さ3kmの宇宙船が、停止している長さ40kmの宇宙ステーションの横を通過するとしましょう。この宇宙船の長さ（船体長）を宇宙ステーションが計測する場合、方法はどのようになるでしょうか?

　宇宙船の船長は「宇宙ステーションの横を通過するときに、宇宙船の船首と船尾から同時にレーザーを発射してステーションの

宇宙船の全長を測るには?

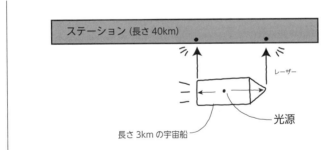

船体にマークを付けよう。後でその二つのマークの間隔を宇宙ステーション側に計ってもらえばよいだろう」と考えました。

しかし、宇宙船はとてつもない速さ飛んでいます。二つのマークは同時に刻印されなければ意味がありません。そこで改めて「宇宙船の中央に光源を置き、ここから船首と船尾に向けて同時に光を出し、船首と船尾ではその光を受け取ると同時にレーザーを発射しよう」と考えました。

◉光の到達時間

結論から言うと、このアイデアは失敗です。なぜなら、宇宙船の光源から出た光が船首と船尾に到着する時間に差ができるからです。もちろん、宇宙船の中では差は無く、船首と船尾に同時に届きます。しかし、ステーションから見た場合には差が出るのです。

つまり、船尾のレーザーは光源に向かって移動しています。それに対して船首のレーザーは光源から遠ざかっています。したがって船尾のレーザーが最初に光を受け取り、それから遅れて船首のレーザーが光を受け取ります。そして、この時間差の間にも宇宙船は進行しています。

この結果、二つのマークの間隔は宇宙船の実際の船体長の3kmより長く（例えば4kmに）なってしまうのです。これはつまり、長さ40kmの宇宙ステーションが宇宙船から見ると長さ30kmに収縮したことを意味します。これがローレンツ収縮です。

宇宙船の前後で到着時間には差が出る

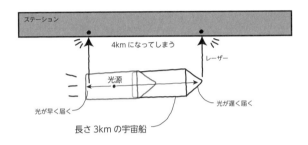

ステーション

4km になってしまう

レーザー

光源

光が早く届く

光が遅く届く

長さ 3km の宇宙船

光に近い速さでは、物どうしの距離も縮む？

> ローレンツ収縮の結果、速度が大きいと物体や景色がつぶれて見えることを紹介しました。ここでは「ローレンツ収縮と宇宙船の飛行の関係」について見てみましょう。

◉宇宙船の帰還

地球から1.3光年離れた惑星から、宇宙船が帰還しようとしているとしましょう。宇宙船には1年後に地球で結婚式を挙げようという若いカップルが乗っています。

宇宙船は最大で、光速の80%で飛ぶ能力を持っています。しかし1.3光年という距離は、最高速度で飛んだとしても1.3÷0.8＝1.6年以上かかります。二人は地球で式を挙げることが出来るのでしょうか？

◉誰から見た速度か？

ここで問題になるのは、それぞれの速度や時間は誰がどこから測ったものなのか？ということです。1.3光年というのは「地球から見た距離」です。そして結婚式を挙げる「1年後」というのは「宇宙船から見た、1年後」です。

先述のように、宇宙船は光速に近い速さで飛ぶので時間はゆっくりと流れます。ローレンツ因子（第4章参照）によると、地球で1秒経つ間に宇宙船で過ぎる時間は0.6秒に過ぎません。つまり、宇宙船にとっての1年は地球で言うところの1.67年に相当

します。

　したがって、光速の80%で1.67年飛べばその間の飛行距離は1.33光年となり、余裕で地球に戻ってくることができます。

帰還する宇宙船

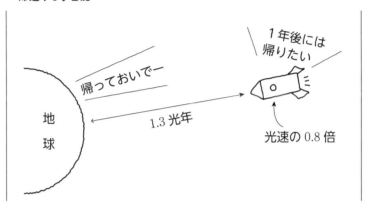

C　距離の短縮

　念のため、これを宇宙船のサイドからも見てみましょう。宇宙船から見ると、地球が光速の80%で近づいています。1年間かけて近づく距離は0.8光年なので、1.3光年離れている宇宙船は時間内に到着できません。

　しかし、この現象を宇宙船から見るとローレンツ因子によって距離が縮みます。地球にとっての1.3光年は、宇宙船の中では0.78（光年）となり、1年間で地球が近づく距離0.8光年より短くなります。宇宙船は間に合うことができるのです。

> 光速に近い領域では、その他にも不思議な現象が起きます。速度の
> 足し算もその一つです。

◉速度の常識的足し算

　地球から見て秒速20万kmで飛ぶ母船から、宇宙船が母船と
同じ方向に秒速15万kmで発進したとしましょう。

　地球からみたこの宇宙船の速度は、20万km＋15万km＝35
万km。光の速さ（秒速30万km）を超えてしまいます。「光速を
越えて移動できる物体は存在しない」というのが相対性理論の前
提なので、この考えは成立しません。

　成立しない数字が出た理由は「速度を測った時の状況が違うか
ら」です。母船の速度は「地球」から見た速度で、宇宙船の速度
は「母船」から見た速度でした。この二者を足し算するというの
はつまり、レートが違うお金同士で「20ドル＋15円＝35ドル」
という計算をしているのと同じことです。

◉速度の相対論的足し算

　相対性理論では、速度の足し算は「式1 （図)」[*1]が与えられる
ことになっています。この式に上の思考実験の数値を入れて計算
すると、地球から見た宇宙船の速度は秒速26.3万kmとなります。

　相対性理論は日常生活の中に潜んでいますが、その影響自体は

＊1　式1の分母にある項vu/c²において、普通の世界では速度v、uは光速cに比べて非常に小さいので、項の値は実際上0になる。すると式1の分母の値は1となり、式1はV＝v＋uとなり、これは通常の速度の加算を表す式となる。

限りなく小さなものなのです。

　しかし技術の進歩により、現代では日常生活の中にも光速に近い速度が登場してきています。それは、地球の公転速度やそこから打ち出されるロケットの速度、更にはそのロケットから打ち出される人工衛星の速度などです。これらの速度の算出には「式１」を使う必要があります。

　そして、私たちの生活に最も近いのは人工衛星による位置情報システム*2です。スマートフォン上の地図機能やカーナビでおなじみです。もし相対性理論による補正が無ければ、ナビの情報は誤差が大きくて使い物にならないでしょう。また、ナビによって精密誘導される軍事ロケットも同様です。相対性理論によって初めて、着弾地点などを正確に算出できるのです。

速度を足し算すると？

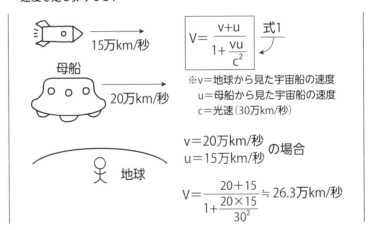

$$V = \frac{v+u}{1+\dfrac{vu}{c^2}} \quad \text{式1}$$

15万km/秒

母船

20万km/秒

※v＝地球から見た宇宙船の速度
u＝母船から見た宇宙船の速度
c＝光速（30万km/秒）

v＝20万km/秒
u＝15万km/秒 の場合

地球

$$V = \frac{20+15}{1+\dfrac{20 \times 15}{30^2}} \fallingdotseq 26.3 \text{万km/秒}$$

---

*2　相対性理論によると、人工衛星と地球の間では１日に100万分の39秒の時間のずれが生じる。非常に短い時間のようだが、距離に直すと10キロメートル以上になる。これではナビとしては使えない。相対性理論を考慮した補正が必要となる。

第6章

エネルギーと質量は同じもの

$$E = mc^2$$

01 「質量」と「重量」の違いって？

中学校の理科で、物理について初めて習った時に混同されがちなのが「質量」と「重量」の違いです。

「質量」は物質に固有の重さの単位で、環境によって変化することはありません。それに対して「重量」は質量と「重力」[*1]をかけた答えから大きさがわかります。

重力の大きさは場所によって変わります。たとえば地球と月だと、月は地球の6分の1の重力しかありません。そのため、地球上で体重60kgの人は月だと体重が10kgになり、ふわふわと飛んで歩けます。また、わざわざ他の星に行かずとも、重力の大きさは地球上でも変わります。わずか数百メートルしか離れていない東京駅と皇居でも違っています。

また、宇宙ステーションの中などでは重力は0です。そのため、科学的な記述ではもっぱら「質量」を用います。

◉質量は動かしにくさの程度

質量についての最も分かりやすい定義は「動かしにくさ」の程度を表す指標です。

たとえば鉄の比重は約7.85です。それに対して、金の比重は約19.32です。金の方が鉄の2倍以上もあります。これはつまり、

[*1] たとえば地球では、赤道上の重力は北極や南極よりも約0.5％小さくなる。さらに、同じ場所でも、月や太陽の引力（潮汐）、地殻変動等が原因で時間によって異なることもある。

同じ大きさの鉄の塊と金の塊を持ちあげようとしたら、金だと倍以上の力が必要になるということです。これは同じ大きさの鉄球と金球を転がす場合も同じです。

　これは無重力状態でも同様で、金球を動かすには2倍の力を必要とします。

●天体の回転

　月は「地球の周囲を回っている」とされています。しかし、正確にはそうではありません。「地球と月の重心」の周囲をまわっているのです。ところが地球と月では質量が大きく違うので、両者の重心は地球の中にめり込んでいます。

　この関係をより理解するために、同じ質量の二つの星がペアに

互いの星の質量が異なっている場合

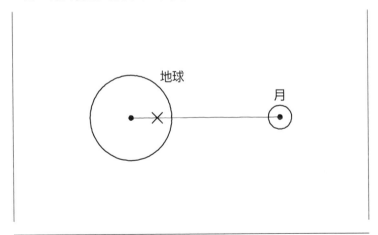

なっている「連星」の回転について考えます。この場合、重心は
それぞれの星の中間にあります。二つの星はこの重心を中心に、
同じ円を描いて回転します。

　しかし、それぞれの星の質量が異なる場合、そうはなりません。
重心は重い星の側により近づいています。二つの星はそれぞれこ
の重心を中心として回転するため、重い星の回転半径は小さく、
軽い星の回転半径は大きくなります。

互いの星の質量が釣り合っている場合

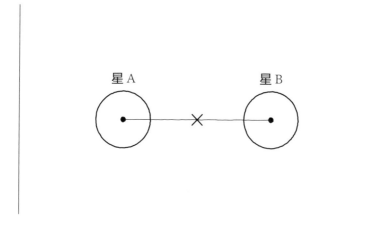

02 光速に近付くと質量が増えるの？

相対性理論における不思議な現象の一つに「光の速さに近づくと、物体の質量が増える」と言うものがあります。これはどういうことでしょうか？

●宇宙船の加速

宇宙船が飛び立つ様子を考えてみましょう。

静止した状態の宇宙船にエネルギーを与えたところ、宇宙船の速度が一気に、光速の86.6%に達したとします。次に、この高速で飛ぶ宇宙船にもう一度、先ほどと同じ量のエネルギーを与えます。その結果、速度は上がります。しかし、その伸び幅は光の速

エネルギーと速度の関係

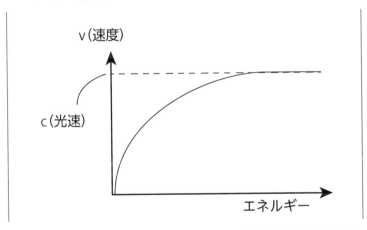

さの7.7%分だけでした。

この後さらにエネルギーを与えても、伸び幅はどんどん少なくなります。

グラフに示したように、エネルギーを加えれば加えるほど宇宙船の速度は光速に近づきます。しかし完全にそこに達することは決してありません。

●光速に近付くと質量が増える

このように「宇宙船がだんだんと動きにくくなる」理由は「宇宙船の質量が徐々に増えていくから」だと解釈できます。相対性理論によると「物体の質量は光速に近づけば近づくほど、無限大に増えていく」といいます。

それでは、宇宙船に加えたエネルギーはどこに使われたのでしょう。それについては「重くなった宇宙船を無理に動かすためのエネルギーに使われた」「粒子の質量を増やすのに使われた、つまり粒子の質量になった」など、多様な解釈を行うことができます。

●乗員は太ってしまう?

宇宙船の質量が増えるということはつまり「乗員の質量も増える」ことになります。つまり光速に近い宇宙船では、乗員の体重は無限大に増えることになるのです。これは一大事です。

しかし、心配ご無用です。宇宙船の外の静止空間からはそう見える、というだけのことです。乗務員に特にダメージは生じません。

03 エネルギーと質量には どのような関係があるの?

> 前節で「物質の質量は移動する速さが上がるほど大きくなり、同時に加速しにくくなる」ことを紹介しました。質量や加速に必要なエネルギーは、物質の移動速度とどのような関係にあるのでしょうか?

●質量の増大

「物体の質量は速度が速いほど大きくなる」ことは、特に陸上競技のアスリートにとっては大変なことのように思われます。速く走れば走るほど体重が増えて速度が落ちるとなると「タイムを縮めるためには2倍の努力が必要だ」といった状況になります。

しかし、心配するほどのことでもありません。相対性理論によれば、速度vで移動している時の物質の質量は、図の「式1」で表されます。

それによると、たとえば時速300kmで走る新幹線の場合、100kgが0.0000000000004kg（10兆分の4kg）だけ増えることがわかります。これは現代技術では検出することも困難な値です。アスリートの走る速度で計算すると、全く影響が無いと言ってよいでしょう。

●加速エネルギーの増大

「式2」は、移動中の物質を加速する時に必要なエネルギー量を、静止している状態から加速する時と比べて表したものです。これによると「速度が光速になるために必要なエネルギーは無限大」

ということがわかります。「無限大のエネルギー」というものは
ありませんから、光の速さを越える速度は存在しないことが分か
ります。

エネルギーや質量を式で表すと？

式1　「速度Vで移動している時の物質の質量」

移動中の質量＝本来の質量÷$\sqrt{1-(\frac{V}{c})^2}$

式2　「移動中の物質を加速する時に必要なエネルギー量」

移動中の物体を
加速するエネルギー $=$ 静止中の物体を
加速するエネルギー $÷\sqrt{1-(\frac{V}{c})^2}$

04 質量とエネルギーは同じものなの？

> 相対性理論に出てくる式で最も有名なのが「E = mc²」です。この式が表しているのは「エネルギー E と質量 m が等しい（互換性がある）」ということです。つまり「エネルギーは質量、物体に換わることができ、質量はエネルギーに換わることができる」のです。

●エネルギーは質量に換わる

前々節で「宇宙船に加えたエネルギーは、速度が上がるにつれて速度以外のものに変化していくこと」と紹介しました。「速度以外のもの」とは何でしょう？　宇宙船の速度が思うよう増えないことを見るに、宇宙船を「動きにくくするもの」に変化したと見るのが無難でしょう。

結論からお話しすると、物体を「動きにくくするもの」は質量です。宇宙船に加えられたエネルギー E は、宇宙船の質量に変化したのです。

●電子の質量変化

質量がエネルギーに置き換わる例は次節で見ることにして、ここでは「エネルギーが質量に変わる例」を見ておきましょう。

2個の電子A、Bにエネルギーを与え、Aを光速の99.0%、Bを光速の99.9%まで加速します。この両電子を壁に衝突させて、その壁に対する破壊エネルギーを比べたところ、Bの方が3.5倍も

のエネルギーを持っていることがわかりました。

　運動エネルギーは「mv²/2」という式で表されます。AとBにおける速度vの違いは、光速に対して99.0%と99.9%で、0.9ポイントに過ぎません。

　それなのにBでエネルギーがこれほど大きくなった要因は何かというと「AとBでm（質量）が置き換わっていたから」だと考えられます。

　つまり、静止状態では両方の電子とも質量はmだったのが、速度が変わったことで質量も変わったのです。BはAよりも3.5倍近く多いエネルギーを質量として蓄えていたのです。

C　E＝mc²と速度の関係

　相対性理論では「物体が速度vで運動している場合のエネルギーE」に、図の「式1」を与えます。

　この式において「v＝0」つまり物体が静止しているとすると「E＝mc²」となります。しかし、vが大きくなって光速cに近づくとEはどんどん大きくなります。そしてv＝cになった時に式1は分母が0となり、意味を失います。

　速度が光速cである粒子、つまり光子1個が持つエネルギーEについては、波動の原理から図の「式2」が与えられます。つまり先に見たように振動数に比例し、波長に反比例するのです。

E＝mc²と速度

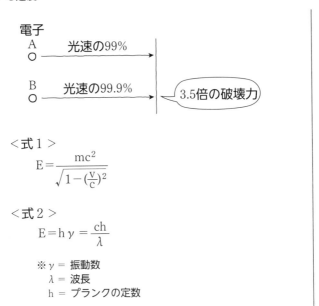

電子
A
○ —— 光速の99% →

B
○ —— 光速の99.9% →

3.5倍の破壊力

＜式1＞
$$E = \frac{mc^2}{\sqrt{1-(\frac{v}{c})^2}}$$

＜式2＞
$$E = h\gamma = \frac{ch}{\lambda}$$

※ γ ＝ 振動数
λ ＝ 波長
h ＝ プランクの定数

アインシュタインの式「E = mc²」ってどんな内容なの？

> E = mc² は「アインシュタインの式」と呼ばれることがあるくらい有名な式です。

この式でのEはエネルギー、mは質量、cは光速です。つまり「**物質の質量とエネルギーは互換性がある（簡単に言えば同じもの）**」だという原理です。このおかげで有名な「物質不滅の法則」あるいは「質量保存の法則」と呼ばれる「熱力学第一法則」は「エネルギー保存の法則」とも呼ばれることになりました。

そしてこの式の特徴は、そのエネルギーの巨大さです。果たしてどれほどの大きさなのでしょうか？　例をあげて見てみましょう。

◉原子核反応

相対性理論は光速など、実生活には無縁と思われる世界で起こる現象が研究対象のように見えます。ここで紹介する「原子核反応」は、速度ではなく「エネルギー」がとてつもない量になる法則です。

実際の例を見てみましょう。この法則に従えば、質量1gの物質がエネルギーに変化した場合のエネルギー量は

・8.98755 × 1013J[*1]と等しい

---

*1　ジュール。地球上で約102グラムの物体を1メートル持ち上げる時に必要な仕事の量に相当する。

・2.49654×1017kWh[*2]と等しい

・0.2148076431Mt（TNT）の熱量と等しい

ということになります。

　これが質量10gの物質の場合だと、エジプトにある「クフ王の
ピラミッド」1杯分の水（260万立方メートル）を20℃から100
℃に加熱することができるのほどのエネルギー量になります。

●巨大エネルギーの意味

　上記の3番目の単位「Mt（TNT）」の意味をまず、「Mt」と「TNT」
に分けて説明します。

　Mtはメガトン、つまり「100万トン」（TNT）は「TNTに換算
すると」という意味です。TNTは、砲弾や爆弾に使われる化学爆
薬の標準品「トリニトロトルエン」を指します。1Mt（TNT）
のエネルギーとはつまり「TNT爆薬100万トンの爆発力に相当
するエネルギー」ということです。

　1945年8月6日に広島に投下された原子爆弾で核分裂を起こ
したのは、爆弾に詰められていたウラン235（約50 kg）でした。
発生したエネルギーは0.16メガトン、
16万トン程度だと考えられます。

ツァーリ・ボンバ

　原子核を融合させることでエネルギ
ーを出す水素爆弾の場合、発生するエ
ネルギーは桁違いに大きくなります。
例えば1961年に旧ソビエトが実験し

*2　キロワットアワー。1キロワットの電力を1時間消費、もしくは発電した時の電力量。

たツァーリ・ボンバ（爆弾の皇帝）のエネルギーは50メガトン
に達しました。これは、第二次世界大戦で全世界の軍隊が使用し
たTNT火薬の量の25倍と言われます。これが、人類が爆発させ
た爆弾のエネルギーの最高値とされています。

原子を構成するのは、陽子と中性子からできた「原子核」と「電子」
です。陽子はプラス、電子はマイナスの電気を帯びています。ところ
が、マイナスの陽子やプラスの電子も存在するのです。このよう
な粒子を一般に「反粒子」と言います。

●反粒子

原子、電子などの微粒子の動きを明らかにする学問を「量子力
学」といいます。その土台となるのが、オーストリアの科学者シ
ュレーディンガー[*1]の考案した「シュレーディンガー方程式」で
す。

1928年、イギリスの物理学者ディラック[*2]は、シュレディン
ガー方程式と相対性理論を矛盾なく組み合わせた「ディラック方
程式」を導きました。その過程で彼は「普通の粒子と同じだが、
荷電だけが逆の反粒子」が存在することを予言しました。

多くの科学者はこの予言に懐疑的でしたが、1932年に電子の
反粒子である反電子（陽電子）が発見され、その後1955年に反
陽子、1956年に反中性子が発見されました。

さらに1995年には、反陽子の周りを反電子がまわる「反水素
原子」が発見され、現在では反重水素原子核、反三重水素原子核、
反ヘリウム原子核等の反粒子が発見、あるいは原子炉で合成され

＊1　エルヴィーン・ルードルフ・ヨーゼフ・アレクサンダー・シュレーディンガー（1887年～
　　1961年）。オーストリアの理論物理学者。
　　1933年にイギリスの理論物理学者ポール・ディラックと共に「新形式の原子理論の発見」の
　　業績によりノーベル物理学賞を受賞した。
＊2　ポール・エイドリアン・モーリス・ディラック（1902年～1984年）。イギリスの理論物理学者。
　　1933年にシュレーディンガーと共にノーベル物理学賞を受賞した。

ています。

●対生成と対消滅

　高速で飛ぶ粒子の衝突などによって真空の一点に高エネルギーを集中させると、粒子とその反粒子がペアで誕生します。これを「対生成」と言います。これは「E＝mc²」を体現しており、エネルギー Eから質量（物質）mが生じているのです。

　反対に、反粒子が粒子に出会うと、両方とも消滅して2個の光子になります。これを「対消滅」と言います。これも「E＝mc²」に従う反応であり「質量mが効率よくエネルギー Eに転換される」ということが知られています。

　電子と反電子の対消滅では、生成した1個の光子は1個の電子

対消滅

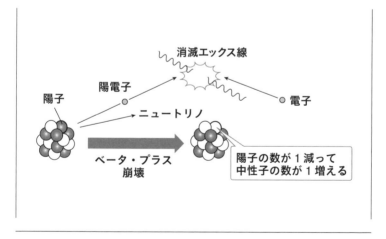

の質量と同等のエネルギーを持つことになります。そのエネルギー量は511キロ電子ボルトにもなります。これは非常に高エネルギーの光で、高エネルギーX線（γ線）の部類に入ります。

　銀河系の中心方向を観測すると、1立方メートルあたり毎秒、光子10億個分に相当するこのγ線が観測されます。ここから計算すると、銀河系では毎秒100億トンもの陽電子が消滅していると考えられます。宇宙の底知れぬ大きさを体感できます。

コラム 「E＝mc²」を導く

　E＝mc²において、Eはエネルギー、mは質量、cは光速です。

　物質の質量とエネルギーは互換性がある、簡単に言えば「同じものだ」ということを表します。

　この式を、思考実験と計算で導いてみましょう。

　質量Mの物体に、エネルギーEを持った2個の光子が左右から衝突したとしましょう。衝突した光子は物体に吸収され、エネルギーEは質量mに置き換わったと仮定します。

　すると、2個の光子を吸収した物体の質量「M'」は

$$M' = M + 2m \qquad (1)$$

となります。

　次に、この運動を速度vで下向きに等速直線運動している"系"から眺めてみましょう。物体は、速度vで上向きに運動

しているように見えます。

　そこで、この「物体と光子からなる"系"」の上向きの運動量を計算してみましょう。

　運動量は「質量と速度の積」で計算できます。この場合、光子が衝突する前の物体の運動量は「Mv」となります。また、光子と衝突した後の物体の運動量は「M'v」となります。

　一方で、光子のように高速で飛ぶ粒子の運動量は、ニュートンの時代の古典力学から「粒子のエネルギー E を光速 c で割ったもの「E/c」だ」ということが分かっています。

　さて、等速直線運動で下降している系から見ると、光子も物体と同じように速度 v で上昇していることになります。したがって、衝突後の物体の上向きの運動量の中には、光子による分も含まれています。それは直角三角形の相似を考えると

$$2 \times (E/c) \times (v/c) \qquad (2)$$

となります。

　つまり

$$M'v = Mv + 2(E/c^2)v \qquad (3)$$

　この式から v を消すと

$$M' = M + 2(E/c^2) \qquad (4)$$

この式に先の式1を代入すると

$$M + 2m = M + 2(E/c^2)$$
$$2m = 2(E/c^2)$$
$$m = E/c^2$$

となります。結果としてアインシュタインの式

$$E = mc^2$$

が導き出されたことになります。

E=mc² を数式で導くと？

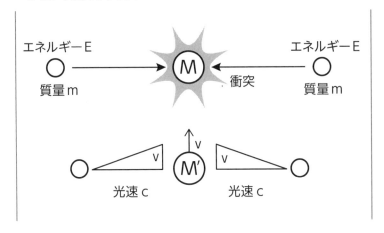

第7章

重力と時空のゆがみ

「質量」と「重力」ってどう違うの？

「重力」は物理学や天文学の分野で、質量と並んで重要な概念です。
そのため、昔からたくさんの科学者が研究してきました。
まずは基本的な理論から、順番に見てみましょう。

◉古典物理学の重力論

　古典物理学の土台となっているのはニュートン力学です。

　この理論の土台は、全ての物体は互いに引き合うという「万有
引力の法則」です。「木から落ちるりんご」の話で有名ですね。
重力は「物体が地球に引かれる」つまり下に落ちる現象のもとに
なっています。

地球にはたらく力

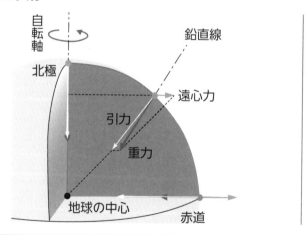

それでは、重力は引力と同じものでしょうか？

実はそうではありません。バケツに水を入れて振り回しても中の水がこぼれないように、回転する地球にいる全ての物体には「地球の自転に基づく遠心力」がはたらいています。遠心力には地球から物を引き離す作用があるので、地球の重力は「引力と遠心力を合わせたもの」ということになります。

●重力と距離

重力は、地球から離れるほど小さくなります。地球の約400km上空にある国際宇宙ステーションでは、地上の89％の大きさの重力を受けています。地球からおよそ38万km離れている月では、地球の重力は地上の0.02％しか作用していません。

この地球の重力と、月が地球の周りを公転することによって発生する遠心力が釣り合っているので、月が地球に引っ張られて落ちてくることはありません。遠心力によって宇宙の彼方に飛んでいくこともありません。

●質量

質量は「全ての物体が固有に持っている量」のことで「動きにくさの程度」として表されます。なお、質量に重力をかけるとその物体の重さ（重量）が分かります。

それでは「質量」とは何でしょう？　この質問は現代科学でも詳細に解明されていません。しかし理論の一つとして、宇宙を構

成する「素粒子」とその相互作用によって質量を説明する「標準モデル」というものがあります。このモデルをもとに宇宙の構成について研究した結果、発見されたのが「ヒッグス粒子」です。2013年には、粒子の発見者のフランソワ・アングレール氏とピーター・ヒッグス氏がノーベル物理学賞を受賞しました。

コラム ヒッグス粒子

138億年前にビッグバンが起こった直後、物質には質量が無かったと考えられています。ところがビッグバンから約10秒後、物質に質量が生じました。その質量の元になったのが「ヒッグス粒子」です。ヒッグス粒子が物質に結合することによって質量が発生したとされています。

この粒子の存在は20世紀半ばには予言されていましたが、実際に見つかってはいませんでした。それが2012年についに発見されました。

発見したのはスイスのジュネーブ近郊にある欧州原子核共同研究機関（CERN、セルン）の研究員たちでした。CERNはヨーロッパの国々が共同して作った粒子加速器で、陽子や電子などの粒子を電場と磁場の力で加速して光速に近い速度に加速する装置です。この装置で光速に近い速度にまで加速した2個の粒子を衝突させると、粒子は破壊されてビッグバンに近い状態が出現します。それによりヒッグス粒子を人為的に発生させ、観測したのです。

ヒッグス粒子発見のニュースを受けて2013年「素粒子の質量の起源に関する機構の理論的発見」という理由でブリュッセル自由大学のフランソワ・アングレール教授、エディンバラ大学名誉教授のピーター・ヒッグス氏がノーベル物理学賞を受賞しました。

> 次に、相対性理論に基づく重力理論について考えてみます。この理論で重要なのが「空間」の考えです。

　私たちはふだん「三次元空間」つまり「縦、横、高さ」のある空間に住んでいます。そしてここでは「空間」を2つの種類に分けます。それが「ユークリッド空間」と「非ユークリッド空間」です。

●ユークリッド空間

　私たちは算数や数学の授業で「2本の平行線を引いた場合、どこまで伸ばしても決して交わることがない」と教わります。

　「全ての三角形の三つの内角の和は必ず180度」「円の半径をrとすると円周の長さは$2\pi r$」ということもご存知でしょう。

　このような平行線や三角形、円を熱心に研究したのは、古代ギリシャの数学者、ユークリッド[1]（エウクレイデス）でした。そして彼の研究をもとに組み立てられた数学（幾何学）が「ユークリッド幾何学」です。

　この幾何学が成り立つ空間を「ユークリッド空間」と呼びます。つまり、ユークリッド空間は私たちが日常生活を送っている空間のことです。

---

[1]　アレクサンドリアのエウクレイデス（紀元前3世紀？）は、古代エジプトのギリシャ系数学者、天文学者で『ユークリッド原論』の著者。

●非ユークリッド空間

　一方で平行線が交わる、といった"非常識的"な空間も存在します。

　たとえば地球の赤道上の二つの飛行場から、それぞれ1機の飛行機が真北に向かって飛び立ったとしましょう。

　2機の飛行機は互いに平行の関係を保ったまま北に向かって進んでゆきます。ところが、北極に向けて進むにつれてお互いの間隔は狭まっていきます。そして北極に到達した時、2機は出会い頭にぶつかってしまいます。

　これは、飛行機が地球という「球面」に沿って飛んでいたからです。つまり、飛行機たちの空間は球状に歪んでいたのです。このような現象を組み立てた幾何学を「非ユークリッド幾何学」と言います。非ユークリッド幾何学が成り立つ空間を「非ユークリッド空間」と呼びます。

　ここでは三角形の内角の和が180度より大きくなり、円の円周は、$2\pi r$よりも短くなります。

03 重力が空間をゆがめるの？

相対性理論では重力を「空間を歪めるもの（空間の歪み）」とします。
どのようなことか見てみましょう。

◉無重力空間にある箱の中の球体

無重力空間にある大きな箱の中に、二つの球体を水平方向に
50cm離して浮かせてみましょう。球体は、空中に並んだまま浮
いています。

この箱を上方に移動させます。箱の中に人がいるとすると、そ
の人にとっては2個の球体が並んだまま落下しているように見え
ます。

◉自由落下状態にある箱の中の球体

次に、高いところから自由落下する大きな箱の中で同じ実験を
してみましょう。箱が落ちている間、2個の球体は箱の中で
50cmの距離を保って浮いたままでしょうか？

そこで、箱の自由落下を止めてみます。自由落下するのは球体
だけになります。球体は箱の中を落ち続けて行きます。

そのとき、2個の球体の距離はどうなるでしょう？

球体は地球の重力に引かれて落ちています。重力は地球の中心
に向いています。地球は球体なので、その際の「向き」は地球の
中心から放射状になっています。2個の球体はこの放射線の向き

にしたがって落ちるので距離は徐々に狭まり、最後は衝突します。先ほどの飛行機の衝突と似た現象です。

●箱の中の球体の垂直間距離

同じような実験を、上下に離した2個の球体で行ってみましょう。重力は距離が離れるほど小さくなるので、上の球にかかる重力は下の球にかかる重力より小さくなります。

箱の中の球体の垂直間距離

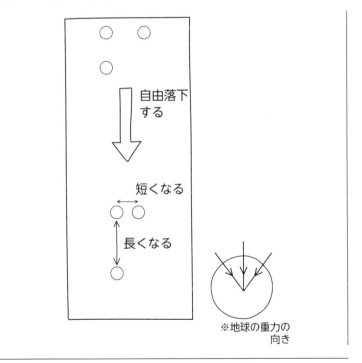

この結果、落下する２個の球の距離は徐々に大きくなります。このような現象を相対性理論では「重力が空間を歪めた」と表現します。

　「球体は自由落下しているだけなのに、２個の球体の軌跡が異なるのは空間が歪んでいるからだ」と考えるのです。

　この考えを進めれば「重力は空間の歪みである」ということになります。物体Aが他の物体Bに「重力で」引かれるのは、Bが作る空間の歪みに落ち込むからだ、とします。また、惑星が恒星の周りを公転するのは「落ち込む力と遠心力が釣り合っているから」と考えます。

04 重力は光も曲げるの？

光は直進したり、曲がったりします。曲がる条件の代表例が「違う物質に入射する時」です。これを「屈折」と言います。しかし、真空中を進んでいる光が曲がることもあります。これは重力の影響が原因です。

●エレベーターに差し込む光

周囲に何も無い真空の宇宙空間を上下運動する"宇宙エレベーター"が実現したとします。ここに「宇宙空間で光は水平方向に進んでいる」という条件を設定しておきましょう。

次に、エレベーターの、光が差し込む側の壁に小さな穴を開けます。そしてエレベーターに乗って、中から差し込む光を観察します。

エレベーターが止まっている時には、光はエレベーターの床に平行に差し込みます。

それではエレベーターが一定速度で上昇（等速直進運動）している時にはどう見えるでしょう？

穴から入った光は水平から傾きますが、光自体は直進しているように見えます。

エレベーターが加速して上昇速度を速めたら光はどのように見えるでしょう？

この場合、エレベーターの単位時間当たりの上昇距離がだんだん大きくなるので、光の軌跡は直線から「下向きに曲がった曲線」

になります。加速された空間では、光は曲がって見えるのです。

エレベーターに差し込む光は？

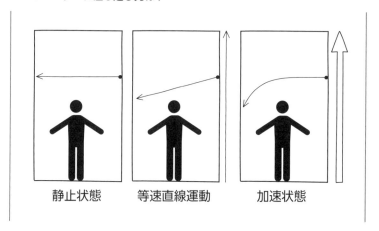

静止状態　　　等速直線運動　　　加速状態

●空間の歪み

　相対性理論を構成する重要な柱の一つに「等価原理」があります。これは「天体の周囲の“重力場”と“加速系”は区別できない」ということです。

　この原理に従えば「加速中のエレベーター内」という加速系で起きたことは、重力の働いている所でも発生することになります。加速系で光が曲がるならば重力場でも曲がります。

　これを相対性理論では「空間が歪む」と表現します。つまり、光は直進している（つもり）なのですが、そのもととなる空間自身が歪んでいるので、光も結果として歪んだ方向に進むというのです。

114

05 重力の作用が写真によって示された？
（重力レンズ）

> 「重力で光が曲がる」ということは、旧来のニュートン力学では想像できないことでした。しかし「重力は時空の歪みによって生じる」とする相対性理論によれば、光が重力で曲がるのは当然の帰結でした。
> そして、1919年にその具体的な例が写真によって示されたのです。
> 最初は半信半疑だった人たちも、これによって相対性理論を認めたのでした。

●光を曲げるのは巨大質量

　相対性理論によれば「重力が時空をゆがめることで、光の航路、光路も曲がる」とされます。しかし曲げるにはとてつもなく大きな重力が必要です。太陽系に住む私たち人間にとって、その規模の重力が得られる最も手頃な存在が、太陽でした。

●重力レンズ

　そこで1919年に、太陽が月に隠される日食を狙って、太陽後方の星の位置を確かめる実験が行われました。

1919年に撮影された日食

　この実験によって分かったのは、星の実際の位置と、見かけの位置が異なることでした。これは「太陽の重力によって光路が曲げられた」ことを裏付ける最大の証拠でした。この現象を「重力レンズ」と言います。

●アインシュタインの十字、アインシュタイン・リング

アインシュタインの十字架

　重力レンズの効果をもたらすのは、太陽だけではありません。太陽系よりはるかに大きな天体を観測する場合、観測対象の恒星と地球の間に存在する銀河系そのものが、重力レンズとなります。

　例として知られるのが、星の実像の周囲に4個の虚像が現われた「アインシュタインの十字架」（図）や、実像の周囲にリング状の虚像が現れた「アインシュタイン・リング」です。いずれも、宇宙空間に設置したハッブル宇宙望遠鏡によって撮影されました。

　最近では重力レンズの効果を活用して、何億光年も先の超遠方の天体を観測しようという試みもなされています。これによってビッグバン直後の若い宇宙、さらには将来の宇宙についての多くの知見が得られることでしょう。

06 「アインシュタイン最後の宿題」って？（重力波）

一般相対性理論では、重力を「質量によってできた空間の歪み」と考えます。この考えを延長すると、質量による歪みが、光と同じ速度で波のように伝わる「重力波」という現象が導き出されます。これは「アインシュタイン最後の宿題」と呼ばれる、難解な存在でした。

●重力波の発見

アインシュタインによる重力波存在の予言以来、多くの科学者が重力波の発見に向けて努力を重ねました。

しかし重力波は非常に小さいため、ブラックホール同士ある

重力波

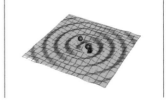

いは中性子星同士の合体といった巨大な質量が動いた場合でも、それによって揺らぐ太陽と地球の距離の幅は原子の半径ほどの大きさだとされます。

そして2015年9月14日「最後の宿題」はついに達成されたのです。

観測された重力波は、地球から13億光年の距離にある2個のブラックホールの合体によって起こったものでした。1個のブラックホールの質量は太陽の36倍、もう1個は29倍だったと言います。

「重力波を観測した『LIGO（ライゴ）

しかし、合体の結果できた新しいブラックホールの質量は太陽の62倍でした。なんとこの太陽3個分の質量が、先ほど登場した「E＝mc²」の式に従ってエネルギーに変換され、重力波として発射されたのだそうです。

ところが、これだけの大変化にもかかわらず、観測された空間の歪みは1mmの1兆分の1のさらに100万分の1程度でした。

コラム LIGO（ライゴ）

LIGO（ライゴ: Laser Interferometer Gravitational-Wave Observatory）は英名を直訳すると「レーザー干渉計重力波観測所」となります。アインシュタインが存在を提唱した重力波の検出のための大規模な観測施設です。

2016年2月11日、LIGOの研究者は、2015年9月14日9時51分（UTC）に重力波を検出したと発表しました。この重力波は地球から13億光年離れた2個のブラックホール（それぞれ太陽質量の36倍、29倍）同士の衝突合体により生じたものです。発見から発表まで5ヶ月かかったのは、観測結果の解析に時間がかかったことが理由です。

第8章
粒子性と波動性

01 光は波で、電子は粒子なの？

17世紀、産業革命が始まる前に発表されたニュートン力学は当時「物理学的な問題の全てを明確に解決した」とされました。
しかしその後「電磁波」「光」「電子」に関して、問題が発生しました。かすかだった不穏な響きはやがて大きくなり、当時の物理学会を震撼させました。

◉光は波

問題の一つとなったのは「光と電子の関係」についてでした。

光は波の性質を持っています。波であるからには「波長」λ（ラムダ）と「振動数」ν（ニュー）を持っています。

光には波長と振動数がある

波長が短い
➡エネルギーが大きい

波長が長い
➡エネルギーが小さい

この間隔を波長という

そして、光が波であることを示す例としてよく挙げられるのが「回折現象」です。この現象について、次の実験を通して説明します。

図Aのように、平板に2つ穴を開け、そこから光を出します。すると、出てきた光は穴を中心に半円状に広がります。そして2つの穴を結んだ線の上での光の強弱をグラフで表すと、図Bのようになります。起伏に富んだ左右対称の図形になります。

図A・B

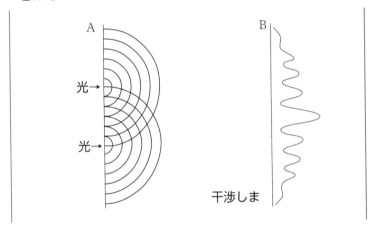

◉光の干渉

また、もうひとつ有名なのが、複数の光の波が重なり合って強め合ったり弱め合ったりする「光の干渉」です。

オパール

モルフォ蝶

　光の干渉は色の変化として表れます。身近な物だと宝石のオパールや「モルフォ蝶」という種類の蝶の羽の色、熱帯魚のコバルトスズメの体の色、人間の青い瞳、あるいはCDの表面の虹色などで起きています。

　先ほどの図Aで、光の干渉についても説明できます。

　2つの穴から出ているそれぞれの円弧が重なれば、山と山、山と谷、谷と谷の組み合わせによって、強弱のリズムが現れます。それを表しているのが先ほどの図Bです。

　もうひとつ存在していたのが「電子」についての問題でした。

　当時「電子は粒子か、波動か」という問題は物理学界で大きな議論を呼びました。その議論に決着をつける上で大きな役割を果たしたのが「霧箱（きりばこ）」と言われる原始的な実験装置でした。

●霧の落下速度

　図に表したのが霧箱です。図Aでは真空の箱（霧箱）の中に大きさの揃った微少な霧を立ちこめさせます。すると、霧の粒子は時間が経つにつれて重力に従い落下します。霧の粒子は大きさが揃っているため、この時の落下速度はどの粒でもほぼ同じです。

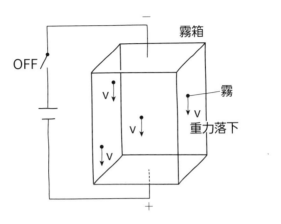

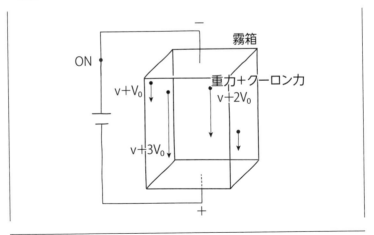

図Bは霧箱に通電した状態です。すると、霧の粒子の落下速度に違いが出てきます。

①何の変化もなく、図Aと同じ速度vで落下する粒子
②「V＝v＋vo」という式で表せる、速度が明らかに上がった粒子
③式で表すと「V＝v＋2vo」になり、②よりさらにvoぶん速くなっている粒子
④式で表すと「V＝v＋3vo」になり、②より2voぶん速くなった粒子

などです。つまり「vo」を単位として落下速度が上がっているのです。

◉電子の付着

　これらの現象の要因は「霧粒子に電子が付着したから」と考えられます。さらに、落下速度の変化の様子から、付着した電子は1個、2個、3個……と数えられる「粒子」であることがわかります。ここで「電子は粒子である」ということが明らかになるのです。

◉光も粒子である？

　図Cは「光電管」と呼ばれるものです。陰極（マイナス極）に光を当てると電子が飛び出し、それを陽極（プラス極）が受ける構造をしており、電子を受けた際の強度に合わせて電流が流れます。

図C

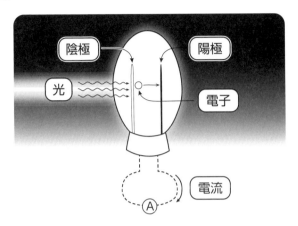

図D・E

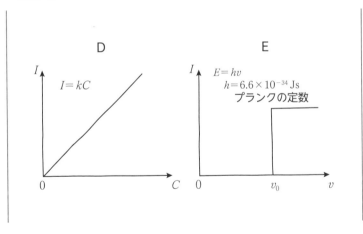

昔の「トーキー映画」では音声を、映画の画像フィルムに付随した「音声フィルム」での明暗として記録し、さらにそれを光電管によって電流に変換することで再生していました。

　図Dは、光の量（C）と電流量（I）の関係を表した物です。光量が増えるのに合わせて、電流の量も増えています。先ほど見たように「電子が粒子である」ということを考えれば、これは「飛び出す電子の個数が増えた」ということになります。

　光の量（光量）と電子の個数（電流量）が比例するというのはつまり「光にも電子のように粒子性がある」ということを意味します。

　図Eでは、光の振動数（ν）と電流量（I）の関係を表しました。波としての光のエネルギーが「$E = h\nu$」という式で表されることを考えると「振動数がνoより大きい光でなければ、電子は放出されない」ということがこの図からわかります。この図は振動数がνoより小さい時には電流Iは全く流れず、νoを超えた途端に流れ出します。

　このように、光には「波動で説明される性質」と「粒子として説明される性質」の両方があるのです。

　アインシュタインは「光は"$E = h\nu$"という式で表される振動数に比例したエネルギーを持つ、粒子の集団だ」と考え、この粒子を「光量子（光子）」と呼ぶことにしました。

物質には「波」の性質があるの？（物質波）

実験による事実の積み上げの結果、フランスの科学者ルイ・ド・ブロイ[1]は「全ての物質は『粒子としての側面』と『波（波動）としての側面』を併せ持つ」という考えに至りました。そこで彼は1924年に「物質波」の考えを学会に報告しました。

●物質波の限界

ルイ・ド・ブロイ

波であるからには「波長」λ（ラムダ）を持つはずです。ルイ・ド・ブロイは、以下の公式を立てました。

$$\lambda = h/mv$$

これによると、波長は「物質が重く、速度が速いほど」短くなり「軽くて遅いほど」長くなります。

ちなみに、この公式に当てはめると体重66kgの人が時速3.6km（秒速1m）で歩くとき、その人が出す波長は10^{-25}mです。

これはあまりに短く、現代科学でも測定できない波長です。

それに対して、電子の場合には実測された質量10^{-30}kg、速度、秒速10^8m（10万km）を用いると、波長は6.6×10^{-12}mとなります。

この波長はレントゲン写真を撮るX線の波長と同じくらいの長さなので、十分に波として認識できます。

＊1　ルイ・ヴィクトル・ピエール・レーモン（1892年〜1987年）フランスの理論物理学者、公爵

●粒子性と波動性

光の振動数と電流量の図

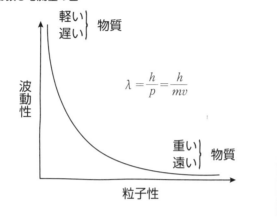

物質の性質を表す二つの言葉「粒子性」と「波動性」は、全く異なる性質です。これらを「同時に持つ」という存在を想像するのは、とても難しいことです。

ここで、コウモリを説明する時のことを考えてみましょう。「哺乳類であるネズミと、鳥類であるスズメの特徴を併せ持つ動物」などと言うのではないでしょうか?

しかし、コウモリはネズミでもスズメでもありません。コウモリの性質の一面を説明するにはネズミを例にとると便利で、他の一面を説明する時にはスズメを例にとると便利だ、というだけのことです。

「光子」「電子」「原子」「分子」なども同じです。

光子も電子も決して、異質同士である粒子と波動が合体した想

像上の生き物のような存在ではないのです。

　ちなみに、量子論の一種である量子化学では、電子をもっぱら「波」として扱っています。

ブタジエンの電子雲の動き、機能

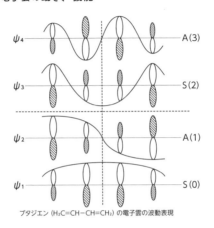

ブタジエン ($H_2C=CH-CH=CH_2$) の電子雲の波動表現

　上の図は一重結合と二重結合が交互に結合した化合物であるブタジエンの、一重結合と二重結合が連続した部分（共役二重結合）を構成する「電子雲の動き、機能」を波として表したものです。

20世紀初頭の物理学界に登場し、当時全盛だったニュートン力学にとって代わったのが「相対性理論」と「量子論」です。
量子論は量子力学、特に「量子化学」として現代化学を牽引してきました。この論の特徴は「エネルギーの量子化」と「不確定性原理」です。

◉量の量子化

　量子論で言う「量子」は「量が連続でなく、離散している」つまり「飛び飛びの値でしか取ることができない」とされます。

　例を挙げて考えてみましょう。水道の蛇口から出る水は「1つ」「2つ」と数えることができない「連続量」で流れています。そのため、どのような量でも自由に汲み取ることができます。

　しかし、自動販売機で売っている水は決まった量の容器に入って売られています。たとえば500mlペットボトルの場合、必要な量が0.87Lでも1Lぶん買わなければなりませんし、1.01L欲しければ1.5Lぶん買わなければなりません。このように、連続する量を飛び飛びの数値で表すのが「量子化」です。

◉角度の量子化

　量子論によると「角度」の分野にも「量子」という単位量が存在します。

　角度の量子化については、コマの運動で考えてみましょう。コマは回転速度が落ちると、軸が傾いて「みそすり運動（歳差運動）」

を始めます。

この時の軸の角度θ（シータ）は、私たちの日常の中だと連続的に変化し、やがて倒れて止まります。しかし微粒子の世界では、角度を15度、30度、45度などと飛び飛びの値にすることしか許されないのです。

この考えは後に、原子中の電子が入る「軌道（電子雲）の形」として視覚化されることになりました。

コマのみそすり運動

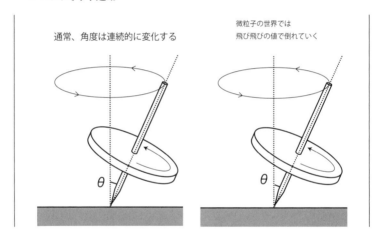

通常、角度は連続的に変化する

微粒子の世界では
飛び飛びの値で倒れていく

04 光も量子化できるの?

量子化は、日常生活だと体感できる機会があまりありません。
そこで手がかりになるのが、光の性質です。

●日焼け

夏に日差しの強い所で日光に当たると、日焼けをします。ひどい時は背中の皮がむけてしまいます。しかし、家の中で電灯の光に当たっていても、日焼けは起きません。

日焼けを起こす原因は「紫外線」と呼ばれる高エネルギーの光子です。ただ明るく見えるだけの可視光線の光子には、高いエネルギーは含まれていません。

これは、光子の持つエネルギーが量子化されているからです。光子は、その振動数に比例した固有の量のエネルギーしか持っていません。さらに、低いエネルギーの光子を何個集めても高いエネルギーにはなりません。

●星が見える

目の奥にある視細胞には、一分子のタンパク質でできた容器があり、その中に「レチナール」という長い棒状の分子が入っています。

レチナールは通常折れ曲がった形をしていますが、光子がぶつかるとまっすぐに伸びます。この変化を容器のタンパク質が感じ

取り、電気エネルギーに変えて視神経に情報として伝達します。

　その後、この情報が脳に達して光を感じる、という仕組みで私たちは物を見ています。

　このレチナールが構造変化をするためのエネルギーは、量子化されています。ある一定以上のエネルギーが無いかぎり、レチナールは絶対に構造変化を起こしません。このエネルギーを持つ光子が、可視光線を構成する光子なのです。

　私たちは暗い夜空で星を見ることができます。これは、星から送られてくる光がレチナールを構造変化させるのに十分なエネルギーを持っているからです。目は、カメラのように「露光時間を長くしたから暗い物まで見える」という仕組みで物を見ているわけではないのです。

05 アインシュタインがなじめなかった理論がある？（ハイゼンベルグの不確定性原理）

アインシュタインがどうにも馴染めなかった理論だとされるのが、1927年にドイツの科学者、ヴェルナー・ハイゼンベルグが提出した「ハイゼンベルグの不確定性原理」です。

◉微粒子は朦朧としている

この理論は「微粒子の世界だと『位置と運動量を同時に正確に決定する』ことはできない」というものでした。これはつまり「ある粒子の持つ運動量を正確に表現しようとした場合、その粒子の位置は曖昧にならざるを得ない」というものです。

ハイゼンベルグ

これも喩えで考えてみましょう。入学式などの記念写真では学生は階段などに上がって前後何列にもなって並びます。当然、カメラからの距離は列によって違います。

このような被写体を、昔の解像度が低い「ニュートンカメラ」で撮ったとしましょう。すると前の学生も後ろの学生も「それなりの明瞭度」で写ります。しかし、ピントは甘くなるので学生の顔の表情は不明瞭になります。

●量子カメラ

　同じ写真を最新式・高解像度の「量子カメラ」で撮ると違います。前の学生に焦点を合わせると、その学生はクッキリと鮮明に写りますが、後ろの学生はピンボケになります。反対に、後ろの

ニュートンカメラと量子カメラ、それぞれで写真を撮ってみると？

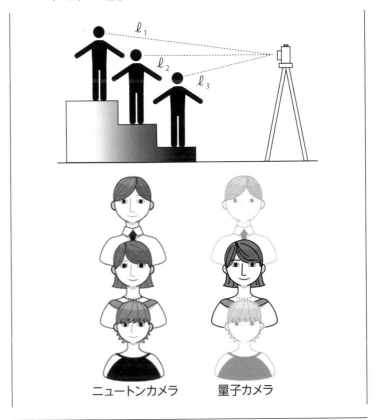

ニュートンカメラ　　　量子カメラ

学生に焦点を合わせると今度は前の学生がピンボケになります。

　つまり、量子カメラでは前の学生と後ろの学生という「二つの量」を同時に正確に決定づけることができないのです。

　現代の科学では「電子の働き」つまり「粒子運動」を運動量で表現します。すると、その粒子がどこにいるのかは分からなくなります。電子の存在する位置や原子、分子の形状は、およその形でしか表現できなくなります。そしてこれが、原子や分子の話で必ず出てくる「電子雲」を導き出したのです。

　アインシュタインはどうもこの曖昧さに苦手意識があったのではないか、とされています。「電子がどこに居るかは賭けのようなもの」だという言葉に対してアインシュタインは「神は博打が嫌いだ」と言ったと伝わっています。

コラム ハイゼンベルグの不確定性原理を導く

　この原理は、式で示すとこのようになります。つまり位置の測定誤差を⊿P、運動量の測定誤差を⊿Qとした時、両者の積はh/4πより大きいというものです。

　⊿P×⊿Q＞h/4π

　hはプランクの定数であり、当然0ではありません。したがってこの式は、もし⊿Q＝0としたら、⊿Pは無限大にな

る。つまり、運動量を正確に決定したら、位置の誤差は無限大、つまり粒子がどこにいるかは全く分からなくなる、ということを示しています。

第9章

宇宙を構成する物

宇宙について、現代科学では「始まりがある」と断言しています。

●ビッグバン

宇宙の始まりは、138億年前に「ビッグバン」と言われるとてつもない規模の大爆発が起こったことだとされています。これは宇宙のみならず、空間や時間など「全て」の始まりでした。

なお、ビッグバンの前には、空間も時間も質量も無かったとされています。想像がまるで及ばない話ではありますが、これは現代の最先端科学である「相対性理論」「量子力学」それらを総合した「素粒子論」が口を揃えて肯定しています。

ちなみに、この関連の計算はちょっとした数値の違いで「数十億年の単位ならば簡単に変化する」のだそうです。「138」という細かい数字が、どのようにはじき出されたのかが気になります。

●ビッグバンで飛び散った物

宇宙はビッグバンで飛び散った物からできているとされます。その構成物は「電子」「陽子」「中性子」などでした。

ビッグバンの際に、まず陽子として水素原子の原子核が誕生しました。その後、陽子と中性子が一緒になって、ヘリウムの原子核が出来ました。

そしておよそ38万年後、電子が陽子に捕獲されて水素原子ができ、やがてヘリウム原子も誕生したと考えられています。そのため現在でも、宇宙に圧倒的な割合で存在しているのは水素、その次がヘリウムなのです。

ビッグバン

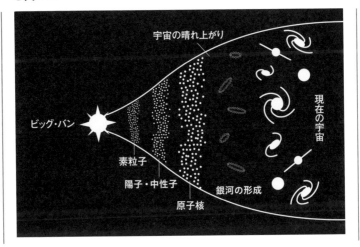

> ビッグバンでできた宇宙は、水素原子に満たされていました。この
> 水素原子が集まってできたのが、太陽などの恒星だとされます。

◉水素原子の霧

できて間もない頃の宇宙に存在したのは「電子」「陽子」「中性子」それに水素原子とわずかばかりのヘリウム原子などでした。これらは霧のように立ち込めていました。

やがて、霧に濃い所と薄い所ができてきます。濃い所は次第に雲の様になり、重力も大きくなります。重力が大きくなると、周囲の霧も引き寄せられるようになります。

様々な霧を引き寄せて大きくなるうちに、雲の中心は圧縮されて圧力が大きくなります。すると次第に「断熱圧縮」という現象が起きて、温度が高くなります。さらに原子などの粒子同士の衝突や摩擦などによる発熱が加わって、雲の中心は何万度、何千気圧という高温高圧になります。

◉原子核融合

このような状態で始まったのが「原子核融合」です。これは、小さな2個の原子核が融合して大きな1個の原子核になることを指します。原子番号1の水素原子の雲の中で核融合が起きた場合、2個の水素原子核によって原子番号2のヘリウム原子核が誕生し

ます。

そして原子核融合には「原子核の質量ｍの一部が欠損する」という特徴があります。それがアインシュタインの式「E＝mc²」に従って莫大なエネルギーになります。

このエネルギーによって水素の雲は何十万度と言う高温になり、やがて宇宙に煌々と輝く「恒星」になったのでした。私たちが夜空に眺めるロマンチックな星々は「天然の原子炉」なのです。

水素原子の霧が雲となり、やがて恒星になる

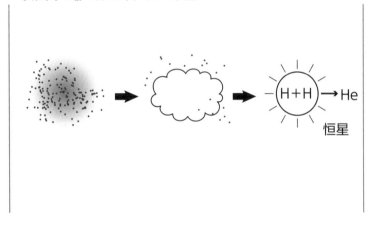

03 原子はどのように生まれ、成長するの？

> 地球上の自然界には原子番号1の水素原子（H）から原子番号92のウラン原子（U）まで、およそ90種類の元素が存在します。「およそ」とつけるのは、元素の中に不安定で「原子核崩壊」と言う核反応を起こして消えてしまった物があるからです。
> ビッグバンの直後には水素とヘリウムしか無かった元素の種類は、どのようにして増えたのでしょうか？

●恒星は「原子のゆりかご」

それは、恒星が「原子のゆりかご」の役割を果たしたからです。原子はこの「ゆりかご」の中で守られながら成長し、次々と大きくなっていったのです。

水素原子の雲が熱を帯びて核融合が発生すると、原子番号1の水素原子Hは2個融合し、原子番号2のヘリウム原子Heになりました。

水素原子が残り少なくなると、さらにヘリウム原子が核融合して原子番号4のベリリウム原子Beになります。あるいはヘリウムと水素が融合して原子番号3のリチウム原子Liになるような反応もあります。

このような段階を踏んで、恒星の中では次々と大きな原子が誕生していきました。

●原子核のエネルギー

　全ての物質は固有のエネルギーと原子核を持っています。

　図は、原子核の持っているエネルギーと原子番号の関係を示したものです。グラフの上に行けば行くほど「高エネルギーで不安定」、下に行けば行くほど「低エネルギーで安定している」ことを指します。

原子核の持っているエネルギーと原子番号の関係

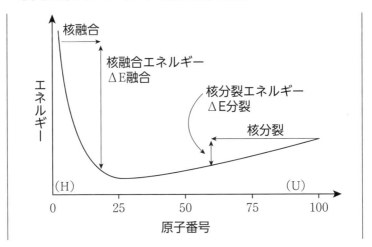

　この関係は、日常生活で経験する「位置エネルギー」と同じです。2階は1階よりも高エネルギーで、2階から飛び下りたらその時に放出される2階と1階の間のエネルギー差でケガをします。

上の図を見ると、水素のような小さな原子も、ウランのように大きな原子も、共に高エネルギーで不安定なことが分かります。これによると、大きな原子核を壊して小さくすれば（核分裂）、そのエネルギー差が放出されます。このエネルギーは「核分裂エネルギー」と呼ばれ、原子力発電や核兵器で用いられているものです。

核分裂

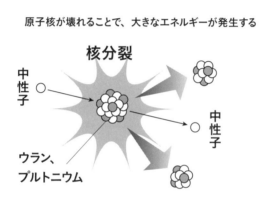

原子核が壊れることで、大きなエネルギーが発生する

核分裂

中性子

ウラン、
プルトニウム

中性子

　反対に、小さな原子核を融合するとエネルギー差が放出されます。このエネルギーは「核融合エネルギー」と呼ばれ、水素爆弾や核融合炉に使われるものです。太陽などの恒星を輝かせ、熱や光を地球にもたらしてくれるのもまた、この核融合エネルギーなのです。

核融合

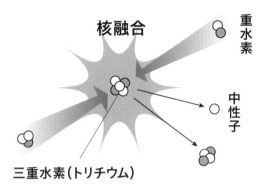

威力は大きいが高温、高圧にしないと起きない

核融合

重水素

中性子

三重水素(トリチウム)

コラム 原子核反応

　原子核の反応には、ウランのように大きな原子核が分裂する「核分裂反応」と、水素のように小さな原子核が融合して大きな原子核になる「核融合反応」があります。

　原子力発電では核分裂反応が用いられており、どちらの反応でも膨大なエネルギーが発生しますが、実はより大きなエネルギーがもたらされるのは「核融合反応」です。

　なお、核融合を起こすためには最低限
①1億度以上の高温
②1cm³に100兆個の原子核が存在すること
③①②の条件を1秒間保持する事

　が必要です。これら3つの条件のことを「ローソン条件」とも言います。

　核融合反応は、我々の身近なところだと太陽の中で進行しています。人類もかつて、水素爆弾の開発により人為的に行ったことがあります。しかし平和的な利用は未だ完成しておらず、完成にはまだこの先数十年かかるとされています。

　私たちの生活に近い領域だと発電の用途で研究が進んでおり「トカマク型」というタイプのものが有望とされています。ただ、条件の厳しさから実用化の道のりはまだ長いとされています。現在では、レーザーの熱で核融合を起こす「レーザー核融合」といった試みも進んでいます。

04 星には一生があるの？

前節で見たグラフは「原子核の持つエネルギーには極小値がある」ということを示しています。これは「星には一生、つまり寿命がある」ことにもなります。

●鉄の生成

恒星が輝き、その熱とエネルギーによって新しい原子が誕生するのは「原子が核融合することによって核融合エネルギーが発生するから」です。このエネルギーを使うことで次の核融合が発生する、すなわち「核融合の連鎖反応」によって星は輝いているのです。

このエネルギーはさらに、星を作る水素などの原子が星の重力に引かれて内部に落ち、星がつぶれるのを防いでいます。

ところが、このようにしてできた原子核が原子番号25近辺、特に原子番号26の鉄になると「この先いくら核融合が起きても、エネルギーは発生しない」という状態になります。

●恒星の収縮

エネルギーを生み出せなくなった星は、自身の莫大な重力に逆らってその大きさを維持することができなくなります。

その結果星は重力に引かれ、すさまじい減少幅で小さくなります。最終的には、原子核の周りを囲む「電子雲」を構成する電子が、原子核の中にめり込んでしまいます。

電子が原子核内にめり込むと恒星は、電荷の無い「中性子」に変化します。

●大きな原子の誕生

原子と原子核の直径の比は、大まかに言うと**1万対1**です。仮に地球と同じ大きさの恒星が中性子星になると、その直径は約1kmになってしまいます。

恒星と中性子星の大きさの比は1万対1

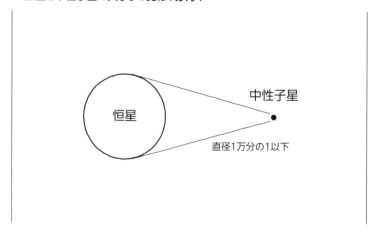

なお、中性子星になる前に、星はエネルギーバランスを崩して大爆発を起こします。これを**「超新星爆発」**、この状態の星を**「超新星」**と呼びます。この状態にある時、星の中では中性子の嵐が吹き荒れ、そこで発生した中性子は全て、鉄の原子核に突入しま

す。

　原子核を構成する「陽子」と「中性子」の間には最適の個数の
バランスがあります。中性子が増えてバランスを崩した原子核で
は、今度は中性子が電子を外して陽子になります。原子番号は陽
子の個数を指すので、原子番号はどんどん大きくなります。鉄原
子もますます大きくなります。

　これが、宇宙に鉄より原子番号の大きい原子が存在する理由で
す。

星の一生

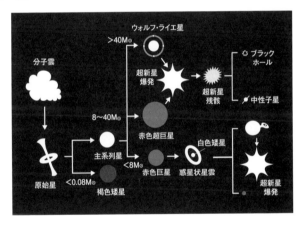

コラム 周期表

　周期表とは「自然界に存在する90種類の元素と、人工的に作り出された約30種の元素を合わせた118種の元素を原子番号の順に並べ、適当な所で折り畳んだ表」のことを言います。

　周期表の上部には1 〜 18の数字が振ってあります。これを「族番号」と言い、各数字の下に並ぶ元素群を「1族元素」「2族元素」などと呼びます。さらに、表の左端に振られている1 〜 7の数字を周期番号と言います。

　周期表はカレンダーのようなもので、族は曜日に相当します。同じ族に属する元素は互いに似た性質を持ちます。

　また、3族の第6周期は「ランタノイド」となっていますが、これは元素群の名前です。全部で15種の元素から構成されています。本来は各元素1マス、つまり全部で15マスが並ばなければならないのですが、それでは表があまりに横長になります。そこで窮余の策として、周期表本体の下に、まるで付録のような形で付け足すのが慣習となっています。3族、第7周期の「アクチノイド」も同じです。

族	1	2	3	4	5	6	7	8	9	10	11	12	13	14	15	16	17	18
1	H 1 水素																	He 2 ヘリウム
2	Li 3 リチウム	Be 4 ベリリウム											B 5 ホウ素	C 6 炭素	N 7 窒素	O 8 酸素	F 9 フッ素	Ne 10 ネオン
3	Na 11 ナトリウム	Mg 12 マグネシウム											Al 13 アルミニウム	Si 14 ケイ素	P 15 リン	S 16 硫黄	Cl 17 塩素	Ar 18 アルゴン
4	K 19 カリウム	Ca 20 カルシウム	Sc 21 スカンジウム	Ti 22 チタン	V 23 バナジウム	Cr 24 クロム	Mn 25 マンガン	Fe 26 鉄	Co 27 コバルト	Ni 28 ニッケル	Cu 29 銅	Zn 30 亜鉛	Ga 31 ガリウム	Ge 32 ゲルマニウム	As 33 ヒ素	Se 34 セレン	Br 35 臭素	Kr 36 クリプトン
5	Rb 37 ルビジウム	Sr 38 ストロンチウム	Y 39 イットリウム	Zr 40 ジルコニウム	Nb 41 ニオブ	Mo 42 モリブデン	Tc 43 テクネチウム	Ru 44 ルテニウム	Rh 45 ロジウム	Pd 46 パラジウム	Ag 47 銀	Cd 48 カドミウム	In 49 インジウム	Sn 50 スズ	Sb 51 アンチモン	Te 52 テルル	I 53 ヨウ素	Xe 54 キセノン
6	Cs 55 セシウム	Ba 56 バリウム	57-71 ランタノイド	Hf 72 ハフニウム	Ta 73 タンタル	W 74 タングステン	Re 75 レニウム	Os 76 オスミウム	Ir 77 イリジウム	Pt 78 白金	Au 79 金	Hg 80 水銀	Tl 81 タリウム	Pb 82 鉛	Bi 83 ビスマス	Po 84 ポロニウム	At 85 アスタチン	Rn 86 ラドン
7	Fr 87 フランシウム	Ra 88 ラジウム	89-103 アクチノイド	Rf 104 ラザホージウム	Db 105 ドブニウム	Sg 106 シーボーギウム	Bh 107 ボーリウム	Hs 108 ハッシウム	Mt 109 マイトネリウム	Ds 110 ダームスタチウム	Rg 111 レントゲニウム	Cn 112 コペルニシウム	Nh 113 ニホニウム	Fl 114 フレロビウム	Mc 115 モスコビウム	Lv 116 リバモリウム	Ts 117 テネシン	Og 118 オガネソン

ランタノイド： La 57 ランタン | Ce 58 セリウム | Pr 59 プラセオジム | Nd 60 ネオジム | Pm 61 プロメチウム | Sm 62 サマリウム | Eu 63 ユウロピウム | Gd 64 ガドリニウム | Tb 65 テルビウム | Dy 66 ジスプロシウム | Ho 67 ホルミウム | Er 68 エルビウム | Tm 69 ツリウム | Yb 70 イッテルビウム | Lu 71 ルテチウム

アクチノイド： Ac 89 アクチニウム | Th 90 トリウム | Pa 91 プロトアクチニウム | U 92 ウラン | Np 93 ネプツニウム | Pu 94 プルトニウム | Am 95 アメリシウム | Cm 96 キュリウム | Bk 97 バークリウム | Cf 98 カリホルニウム | Es 99 アインスタイニウム | Fm 100 フェルミウム | Md 101 メンデレビウム | No 102 ノーベリウム | Lr 103 ローレンシウム

第 10 章

ブラックホール

星はどのように一生を終えるの?

前章で、①恒星には誕生と成長の時期がある ②星の成長のもとになる核融合で、生成物が鉄の段階に差しかかるとエネルギーが発生しなくなる ③恒星は自身の重力に耐え切れなくなって収縮、爆発する ということを紹介しました。

◉星の大きさと終焉

星の最後の様子は、それぞれの大きさ(質量)によって異なります。いくつかの場合に分けて見てみましょう。

a 重さが太陽の0.08倍以下

褐色矮星

このような星は軽すぎて重力が弱く、十分に収縮できません。そのため内部の圧力は弱く、密度は低く、温度も上がりません。結果として、核融合反応を起こして光を出す「ローソン条件」に達しないので、星はだんだん暗くなっていきます。このような天体を「褐色矮星(わいせい)」と呼びます。

b 重さが太陽の0.08 ~ 8倍

太陽と似た質量の星の場合、まず核融合によってできたヘリウ

ムが星の中心部に溜まります。さらにそれに押し出されるように
して、星の外周部に水素が集まります。この水素が核融合を起こ
しだすと、星はどんどん膨らんで、巨大な 「赤色巨星」 となりま
す。

やがて大きくなりすぎた赤色巨星は、外周に働く引力が弱くな
ります。そして外周を覆っている気体は宇宙に流れ出します。や
がて星は小さくなり、新たに 「白色矮星」 となります。

なお、太陽もいつかこのような道をたどるとされています。そ
の時の太陽の明るさは現在の3000倍、半径は地球の公転半径の
20%以上になるとされているので、地球は太陽に飲み込まれた
ような状態になってしまいます。ただ、それが起こるとされるの
は今から76億年後。心配するのはまだ早いようです。

c　重さが太陽の8〜40倍

前章で見た星は、このタイプです。最後の段階で 「超新星爆発」
を起こし、煌々と輝きます。これが「超新星」と言われる状態で
す。爆発が終わった後に残されるのが中性子星で、直径は最初の
星の直径の十万分の一にまで小さくなります。

超新星爆発は、宇宙だと決して珍しい出来事ではありません。
銀河系の中だけでも、宇宙の誕生からすでに1億回以上起きたと
されます。計算によっては「40年に1回は起きている」とも言
います。

最近の例だと、1987年に大マゼラン雲で起きた爆発から発生

した素粒子の「ニュートリノ」が、日本のニュートリノ観測施設「カミオカンデ」で検出されました。これは小柴昌俊さんが2002年にノーベル物理学賞を受賞するきっかけになりました。

02 星の爆発が日本で観測された？（カミオカンデ）

> カミオカンデは、岐阜県北部の飛騨市（旧・吉城郡神岡町）の神岡鉱山の地下にある観測装置です。宇宙から飛んでくる「宇宙線」に含まれる素粒子「ニュートリノ」を観測し「陽子崩壊」を実証する目的で作られました。

カミオカンデは神岡鉱山[*1]の廃鉱を利用し、1983年に完成しました。地下1000メートルの位置に、3000トンの超純水を蓄えたタンクを設置。その壁面には、非常に弱い光を電気信号に変換

スーパーカミオカンデ

する「光電子増倍管」[*2]を1000本取りつけました。名前は、所在地の「神岡」と「核子崩壊実験（Nucleon Decay Experiment）」の頭文字「NDE」を合わせてつけられました。

なぜ、カミオカンデは地下に設けられたのでしょうか？　その理由は、ニュートリノの特性にあります。

ニュートリノは他の粒子と比べて物体を通過する力がとても強く、地球でさえも簡単に通り抜けてしまいます。施設を地下深くに置くことで、ニュートリノ以外の粒子の影響を避けたのです。

しかし、ニュートリノもまれに他の物質とぶつかることがあります。たとえばカミオカンデの水の中でニュートリノが電子にぶ

---

*1　亜鉛を産出することで知られていた。精錬の過程で産出するカドミウムが近くを流れる神通川に廃棄されたことで、下流の富山県では大規模な健康被害が発生。のちに日本の四大公害病のひとつ「イタイイタイ病」として認定された。

*2　フォトマル（ホトマル）やPMTと呼ばれることもある。カミオカンデ建設の際には、学術研究用として特別に直径20インチ（約50センチメートル）のものが製造された。

つかると、衝突された電子は「チェレンコフ光」という青い光を出します。これを光電子増倍管で検出することで、そこにニュートリノが来ていたことが分かるのです。

1987年、カミオカンデは地球から約16万光年離れた大マゼラン星雲で超新星爆発 (SN 1987A) があった際に発生したニュートリノを、世界で初めて検出し、ニュートリノに質量があることを明らかにしました。この功績により、2002年に小柴昌俊[*3]さんが、ノーベル物理学賞を受賞しました。

カミオカンデは使命を終え、現在は5万トンのタンクを持つ大型、高性能な「スーパーカミオカンデ」が活躍しています。さらに2021年には26万トンのタンクを持つ「ハイパーカミオカンデ」の建設が本格的に始まるなど、研究は現在も進んでいます。

2015年にはスーパーカミオカンデを用いたニュートリノ観測によって、梶田隆章さんがノーベル物理学賞を受賞しています。

---

*3 小柴昌俊（こしば・まさとし、1926年～2020年）愛知県豊橋市出身の物理学者、天文学者。東京大学特別栄誉教授、名誉教授。1987年に自らが設計を指導・監督した「カミオカンデ」でニュートリノの観測に成功。この業績が評価され2002年にノーベル物理学賞を受賞した。

03 ブラックホールってどんなものなの？

重さが太陽の40倍以上もある星が超新星爆発を起こすと、星は中心に向かって果てしなく縮んでゆきます。

●尋常でない星の収縮

この縮み方は、地球にたとえると、現在約1万3000kmの直径が1mm以下になってしまうような、想像を絶する勢いです。

このような収縮を「重力崩壊」と言い、その結果生じるのが「ブラックホール」なのです。

地球がブラックホールになったとすると？

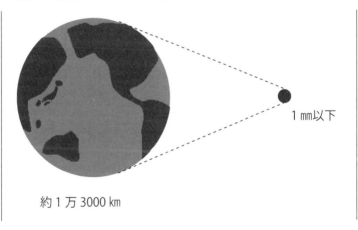

1mm以下

約1万3000km

●ブラックホールとは

　ブラックホールは、相対性理論の研究によって存在が予言された天体現象です。相対性理論によると「重力による時空の歪みが極限に達すると、一度入ったものは光さえも二度と抜け出せない」特殊な領域だと言います。

　では「光すら脱出できない天体」とはどのような物なのでしょうか？たとえば、ロケットを打ち上げたとしましょう。速度が充分ならば、ロケットは地球の重力を振り切って宇宙へ飛び出せます。この速度を「脱出速度」と言います。

　脱出速度は天体の持つ重力によって違っています。地球ならば秒速11.2km、太陽ならば秒速618kmです。

　天体の表面の重力は、天体の半径が同じなら質量が大きいほど、同じ重さなら半径が小さいほど大きくなります。そして、重力がある大きさになると、脱出速度と光速が同じになります。この時の密度より大きな密度を持った「モノ」がブラックホールなのです。

　この研究に関して20世紀初頭、ドイツの天文学者、カール・シュヴァルツシルトが「シュヴァルツシルト半径」と呼ばれる値を発表しました。これによって「これ以上小さくつぶれるとブラックホールになってしまう」という限度にあたる半径を算出することができます。

ブラックホールとシュヴァルツシルト半径

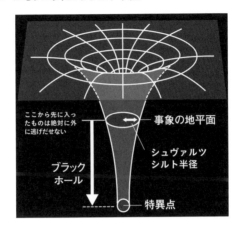

ここから先に入ったものは絶対に外に逃げだせない

事象の地平面

シュヴァルツシルト半径

ブラックホール

特異点

●ブラックホールは時空の歪み

　ブラックホールが存在する宇宙を知るための理論が「相対性理論」と、そのほぼ対極に位置する「量子理論」です。

　先に見たように「相対性理論」だと「質量の周辺では空間が曲がっている」と解釈します。この時の曲がり方は、質量が大きくなるにつれて大きくなります。曲がり方があまりに大きいと、直進性が高い光でさえも歪んでしまうようになり、空間から脱出できなくなります。

●シュヴァルツシルト・ブラックホール

　ブラックホールのモデルはいろいろありますが、最も単純でわかりやすいとされるのが「シュヴァルツシルト・ブラックホール」

と呼ばれるモデルです。

　これは前項の「シュヴァルツシルト半径」をもとにしたもので「事象の地平面」とも呼ばれます。明確な境界線が無いことが大きな特徴です。

04 ブラックホールが「蒸発」する?

星と同様、ブラックホールにも変化があります。ここではまず、消滅していく「蒸発」と、肥大化していく「成長」の2つの形態を紹介します。

◉蒸発

　ブラックホールの「蒸発」は、イギリスの物理学者スティーヴン・ホーキング氏が考えたものです。

　量子力学的な考えでは「真空」を「何も無い空間」ではなく「仮想的な粒子と反粒子が対になって生成・消滅を繰り返している空間」とします。

ブラックホールの蒸発と成長

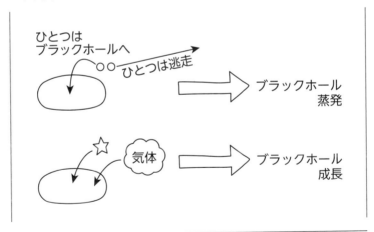

ひとつは
ブラックホールへ
ひとつは逃走

ブラックホール
蒸発

気体

ブラックホール
成長

ブラックホールのそばでこのようなペアが生成すると「片方の粒子がブラックホールに落ち、もう片方が遠方へ逃げ去ることがある」というのです。

　この現象は、まるでブラックホールから粒子が出てきたように見えます。そこで彼は、この現象を「ブラックホールの蒸発」と名づけました。この「蒸発」によって、ブラックホールの質量は徐々に小さくなります。

　なお、蒸発の割合はブラックホールの質量に反比例します。はくちょう座X-1などに代表される、一般的な大きさのブラックホールでは蒸発は無視できるほどです。しかし小さなブラックホールでは、蒸発にかかる時間が宇宙年齢（138億年）程度になるといいます。

◉成長

　もう一つは「ブラックホールの成長」です。近くの天体から物質を吸い込んだり、あるいはブラックホール同士が衝突、合体したりすることで成長するとされます。

　例えば銀河の中心近くで誕生したブラックホールの場合、周囲には多くの気体や星があります。それらを吸い込んで成長を続け、最終的には太陽の1億倍もの質量をもった巨大なブラックホールになることもあります。

　そのため「銀河系の中心には巨大なブラックホールが存在する」という説もあります。

05 ブラックホールはどんな一生を送るの?

> ブラックホールは大きさによって蒸発、あるいは成長という前途を
> 辿る可能性があることを見ました。それでは、はくちょう座 X-1
> などに代表される、一般的な大きさのブラックホールはどのような
> 一生を送るのでしょうか?

「主星」と「伴星」の2つの星から成る系があった場合、この
ような一生を送ります。

①主星は周りの気体を重力で引き寄せ、赤色巨星になります。
②やがて赤色巨星は超新星爆発を起こし、ブラックホールになり
　ます。こうして「ブラックホールと伴星が対になった連星」が
　誕生します。
③この後何百万年もかけて、伴星も徐々に大きくなります。隣に
　いるブラックホールは伴星の外側の大気を吸いこみながら一緒
　に成長します。

　ブラックホールに吸い込まれる時、大気には激しい運動が起こ
り、熱くなります。そして高速回転して円盤状になり、X線を出
します。これを「降着円盤」と言います。有名な例だと「白鳥座
X-1」ブラックホールがあります。ここからは、伴星が吸い尽く
された後の様子を見ていきます。

降着円盤

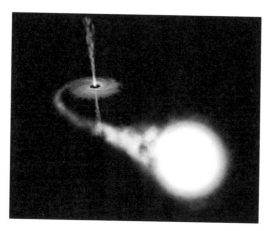

④やがて伴星はブラックホールに吸い尽くされ、伴星の質量の分だけ成長したブラックホールが残ります。吸収し尽くした時点でブラックホールの成長は止まるのですが、宇宙をさまようちに他の天体などとの合体を経てさらに大きくなることもあります。

⑤もし宇宙が膨張し続ける場合、遥かな未来にはブラックホールは蒸発する事になります。この時には先に見たように膨大な量の粒子が放出されるので周囲は加熱され、光が放出されて明るく輝きます。

　最初は赤く輝く程度ですが、蒸発が進むとブラックホールの質量は小さくなりますから、蒸発は更に激しくなります。この結果

ブラックホールの周囲は青く輝くようになります。そして最後は爆発に近い状態でブラックホールの全質量が蒸発して、ブラックホールはその劇的な一生を終えます。

このように、恒星の死から生まれたブラックホールは、伴星や周囲の星々を食い荒らし、最後は爆発して一生を終えるのです。

ブラックホールの一生

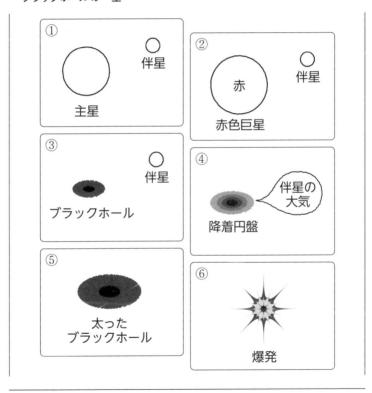

ブラックホールは光を飲み込みますが、出すことはできません。そのため、ブラックホール自体を肉眼で直接観測することはできません。存在を予言したアインシュタイン自身でさえ「ブラックホールはあくまでも理論上の産物なのではないか」と考えていた節があると言います。

◉X線による観察

　その考えを覆す出来事があったのが1970年代です。はくちょう座にある天体から届いたX線を解析すると、ブラックホールの存在をうかがわせる根拠が見つかりました。

　ブラックホールは天体を吸引する際に「降着円盤」という高温の大気の渦を作る、というのは前節で説明した通りです。この降着円盤がX線などの電磁波を放射します。このとき観測されたのは、そのX線でした。

　これはブラックホールそのものではありません。しかし、たとえ間接的であったとしても情報が得られたのは大きな進歩でした。

◉サブミリ波による観察

　先に見たように「銀河系の中心部には巨大なブラックホールが存在する」という説があります。

　銀河系の中心領域は、原子核と電子がバラバラになった「プラ

ズマ」という気体で覆われています。プラズマにはほとんどの電磁波を遮る効果があるので、これまで電磁波によるブラックホールの直接観察はほぼ不可能とされてきました。

「M87」のブラックホール

　しかし、波長が0.1〜1mmの「サブミリ波」という電波は、このプラズマの雲を通過できることが分かったのです。

　現在、この「サブミリ波」でブラックホールを詳細に観察する試みが進んでいます。この目的で設置されるのが「電波望遠鏡」です。

　そして2019年4月10日、地球上の8基の大型電波望遠鏡を連携させた「イベント・ホライズン・テレスコープ」という国際協力プロジェクトの結果、ついにブラックホールを撮影することに成功しました。

　撮影されたのはおとめ座銀河団にある楕円銀河「M87」の近くにある巨大ブラックホールです。地球からは5550万光年離れており、その質量はなんと太陽の65億倍という、想像を絶する大きさでした。

　着色された写真には、中央に黒いブラックホール、その周囲にオレンジに明るく輝く降着円盤が鮮明に映っていました。アインシュタイン自身でさえ疑ったブラックホールが、その神秘のベールを取った瞬間でした。

第11章

宇宙の未来

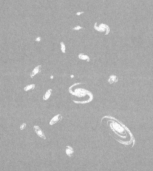

01 宇宙はふくらんでいるの？

宇宙は、138億年前に「ビッグバン」という大爆発によってできたとされます。この時にできた水素原子が飛び散り、それらが最終的に到達した場所がその時点での宇宙の端だと考えられています。
それが事実だとすると、宇宙はこの瞬間にも膨張しているはずです。果たして本当にそうなのでしょうか？

●宇宙から届く光

宇宙には多くの恒星があります。恒星が放った光は、宇宙を旅して地球に届きます。

光を「波長」と「強度」で表示したグラフを「スペクトル」と

鉄の輝線スペクトル

言います。スペクトルは何本もの輝く線で構成され、このうち図に表したようなものを「輝線スペクトル」と言います。

　宇宙から届く光には、出すおおもとの原子によって様々な種類があります。その光の輝線スペクトルが示す線の間隔を計ることで、どの原子が出したものなのかが分かります。

　特に水素原子から出たスペクトルを解析すると、興味深いことが分かりました。そのスペクトルは水素原子に基づくことは明らかなのですが、地球上の水素原子のものと波長が異なっていました。全ての輝線の波長が、より長い波長にシフトしていたのです。

◉遠ざかる水素

　調べた結果、これは「ドップラー効果」によるものであること

ドップラー効果

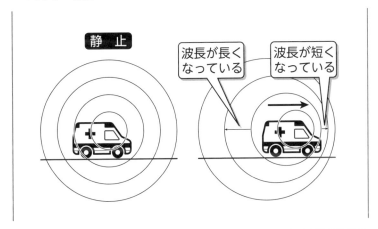

が分かりました。ドップラー効果と聞くと、サイレンの音の例でご存知の方もいるかもしれません。

　パトカーや救急車のサイレン音は、自分に近づく時には高音、遠ざかる時には低音になります。実は、ここでも同様の現象が起きているのです。宇宙から来た水素の光の波長が長いということはつまり、その水素が地球から遠ざかっていることを示します。これによって、宇宙がだんだん膨張していることがわかります。

　さらに、水素の位置と速度の関係を調べると「離れた位置にある水素ほど高速で遠ざかっている」ということが分かりました。そうすると、何億光年も彼方の水素は光と同じ程度の速さで遠ざかっている可能性があります。もしそうならば、その水素が出した光は永遠に地球に届きません。つまり、その水素の位置を「宇宙の端」とみなすことができるのです。

●天動説復活？

　地球から見ると、宇宙は「地球からの距離に応じて加速度的に速度を増している」ということが分かります。これは「地球が宇宙の中心だ」ということになるのでしょうか？

　そうではありません。試しに、パンの表面にあるブドウでたとえてみましょう。パンが膨らむにつれてそれぞれのブドウは離れてゆきますが、特に中心になっている点はありません。全ての点が同格です。

　つまり「水素が地球から離れていく」ように見えますが、水素目線だと「地球が離れている」のです。

膨張する宇宙をパンにたとえると?

宇宙膨張のイメージ

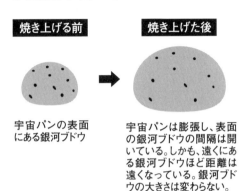

焼き上げる前

焼き上げた後

宇宙パンの表面
にある銀河ブドウ

宇宙パンは膨張し、表面
の銀河ブドウの間隔は開
いている。しかも、遠くにあ
る銀河ブドウほど距離は
遠くなっている。銀河ブド
ウの大きさは変わらない。

市街地から離れた深い山で夜空を見上げると、星が一面に輝いています。星をはじめとした全ての物質は原子でできています。宇宙もまた同様です。

◉ダークなモノ

ところが、現代の天文学はもう少し変わった宇宙観を持っています。宇宙は原子などの「物質」と「ダークマター（暗黒物質）」と「ダークエネルギー」の3種類の物質からできているというのです。

さらに、そのうち「物質」の占める割合はわずか5%たらず。

宇宙を構成する物質とは？

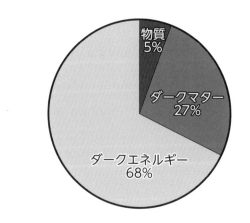

物質
5%

ダークマター
27%

ダークエネルギー
68%

25%ほどはダークマターで、残り約70%はダークエネルギーだとします。なお、ここでの「ダーク」とは「肉眼はおろか、あらゆる観測にも引っかからない」と言う意味です。

では、そのようなものの存在をなぜ唱えられるのでしょうか？

実は、エネルギーそのものでなく「それらが引き起こす現象」を観測することでわかるとします。「本体は見えないが、影は見える」というようなものです。

●ダークマターとダークエネルギー

ダークマターとダークエネルギーはそれぞれ、科学分野のニュースで話題になることがあります。

ダークマターは宇宙の所々に塊で存在し「見えないのに重力を持つ」物質です。一方のダークエネルギーは宇宙全体に均等に分布していて「宇宙が膨張するスピードを高める力を持つ」とされます。

目には見えない重力を持つ何かの存在は、80年以上も前から知られていました。さらに最近では、ダークマターの重力の影響に基づく「重力レンズ効果」が発見され、その存在がより真実味を帯びてきています。この現象を複数見つけることで「ダークマターが宇宙にどのように分布しているのか」を示す地図づくりも進められています。

一方の「ダークエネルギー」という概念が登場したのは、1998年のことです。はるか遠くの超新星が、これまでの理論で

予想される速度よりも速く遠ざかっていることが発見されました。宇宙が膨張する速度はどんどん上がっていたのです。

　かつての宇宙論では「宇宙全体の重力で膨張にはブレーキがかかる」と思われていました。そのため「重力に逆らって加速し、宇宙を押し広げている未知の力」に「ダークエネルギー」という名をつけたのです。

03 宇宙はこれからどうなるの？

138億年前のビッグバン以来、宇宙は膨らみ続けてきました。宇宙はこの先どうなるのでしょうか？　生物のように、いつかは終わりが来るのでしょうか？

●永遠に存在する宇宙

20世紀初めまで、科学者は「宇宙は永遠に変化せず、存在し続ける」とする「定常宇宙論」を唱えていました。

しかし、1920年代にアメリカのエドウィン・ハッブルが「宇宙の膨張」を発見したことで「宇宙の始まりと終わり」が宇宙科学の重要な研究テーマとなりました。

ハッブル

「宇宙が永久に存在し続ける」とする理論は、大きく二つに分けられます。

①定常宇宙論：観測結果にかかわらず「宇宙は永遠で、終わりは無い」とします。
②振動宇宙論：「一時的な出来事として終わりを迎える」とします。ビッグバンの前には、宇宙が収縮する「ビッグクランチ」[*1]があったと考えられます。宇宙は将来再びビッグクランチを迎え、それに続くビッグバンで再び膨張すると言います。つまり宇宙

＊1　現代の宇宙論によれば、宇宙の質量が限界量より大きい場合には、宇宙は自らの引力で収縮することになる。その収縮の最終状態を「ビッグクランチ」と呼ぶ。宇宙の始まり「ビッグバン」の反対局面である。

スケールの振動が永遠に続くのです。

◉終焉を迎える宇宙

先ほどの②にあたる「宇宙はいつか終わる」という説は、さらに二つに分けられます。

①宇宙の熱的な死:「永久に終わる」とします。宇宙自体は残るが、中にいる全ての存在が変化しなくなるとする説です。
②ビッグクランチ:「ある時点で重力が宇宙の膨張速度を上回り、宇宙がつぶれて一つの点になる」とします。

宇宙が実際にどのような運命をたどるのかは誰も知りません。

ビッグクランチは、ビッグバンの逆の現象と言える

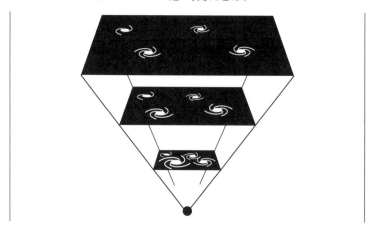

人類にとっては「定常宇宙論」が最も好ましいように思えます。

　ただ、仮に本当に終わるとしてもそれは今から約7300億年後の出来事とされています。当分の間心配する必要は無さそうです。

これまで現代宇宙論を見てきました。昔から人類は、その種族ごとに固有の宇宙観を持っていたようです。主なものを見てみましょう。

●古代エジプト、ユダヤ

古代エジプトでは、大地は植物でおおわれて横たわる男神ゲブであると考えていました。そして天の神ヌトは、体を折り曲げて大気の神に持ち上げられているものと考えられていました。太陽の神ラーと月の神はそれぞれの舟に乗って、毎日天のナイル川を横切って死の闇に消えていくものと考えていたと言います。

古代エジプトで考えられていた宇宙

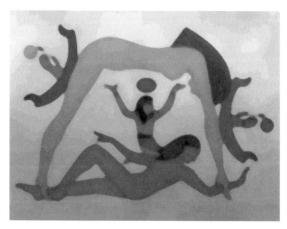

ユダヤでは、宇宙を下界と上界に分けました。下界の中心には山や海を持つ大地が有ります。大地の周囲は海で囲まれ、その海の外側で空気のある場所とない場所の境が天であると考えました。天の下縁は風の貯蔵所であり、上方は上界の水・雪・ヒョウの貯蔵所であると考えたと言います。

●古代エジプト、ユダヤ

　古代インドでは「世界は巨大なカメの甲羅に支えられたゾウが半球状の大地を支えている」とされました。この大地の中心には「須弥山<ruby>しゅみせん</ruby>」という非常に高い山がそびえています。人間はそのもっとも外側の「閻浮提<ruby>えんぶだい</ruby>」というところに、天体は中腹を回ってい

古代インドで考えられていた宇宙

るとされました。この思想はヒンドゥー教や仏教などに広がり、のちに日本にももたらされました。

●古代中国

古代中国では、大きく4つの説がありました。

①天円地方説

大地は巨大な正方形、天はそれよりも大きい円形もしくは球形であるとする。

②蓋天説

大地は四角形の平面で、その上を半球形の屋根のような天が覆っている。

③渾天説

卵形の宇宙の中心に卵黄のような大地がある。

④宣夜説

「天に形は無く、物質も何も存在しない空虚な空間が無限に続くのが宇宙だ」とする「無限宇宙論」。各天体は、それぞれ独自の規則に則って運動していると考える。

このうち「宣夜説」は紀元後3世紀に晋の天文学者、虞喜が『安天論』という本に記しました。現代の宇宙論に通じるものですがその後衰退したようです。

●古代ギリシャ

　神話期以降のギリシャでは、もう少し観測結果に沿うような即物的な宇宙像を持っていたようです。つまり、宇宙の中心には自分たちの住む地球があり、その周りを月、水星、金星、太陽、火星、木星、土星の順番で7個の星が回っていると考えたのです。そしてその外側に星の張り付いた天球が回っているとしました。つまり天動説です。

　しかしこれだけでは惑星の留や逆行が説明できないため惑星は周転円をえがきながら回っているという周転円説が考え出されギリシャ風天動説は完成しました。

　この天動説は、哲学者アリストテレスの「天体論」から始まり、天文学者ヒッパルコスの「周転円」の考えを導入し、プトレマイオスに至って完成されました。

●地動説

　15世紀に入って大航海時代が始まると、星の位置を基に船の位置を知るという実用上の理由から、天文学が盛んになりました。その結果天動説では説明できない事柄も明らかになってきました。この頃に登場したのがコペルニクスです。コペルニクスは、太陽を宇宙の中心におき、そのまわりを、地球をはじめとした惑星が回転しているという宇宙の姿を考えました。これが有名な地動説であり、やがて現代の相対論的宇宙観に発展してきたのです。

おわりに

　いかがだったでしょうか？　お楽しみ頂けたでしょうか？目の前が開けたのではないでしょうか？　体全体に宇宙の星の煌めきが感じられるのでないでしょうか？

　半世紀前、私が学生の頃に酔うと歌った歌があります、デカンショ節です。その一説にこんなのがあります。「ドーセやるならちっちゃいことなされ、ノミの〇〇玉八つ裂きに」対して「ドーセやるならでかいことなされ、奈良の大仏屁で飛ばせ」というものです。

　化学でノミの何とかのように細かい量子化学をやっていた私にとって、相対性理論はまさしく奈良の大仏が星の間を飛びまわるような、小気味良いほど壮大なものでした。

　この壮大さを感じて頂けたとしたら嬉しい限りです。本書を楽しまれたら、次は反対に量子論をお読みなってはいかがでしょう？　信じがたい事は相対論以上です。

　いつかまたお会いしましょう。ごきげんよう。

2021年6月　齋藤勝裕

参考文献

相対性理論 (岩波基礎物理シリーズ)　佐藤勝彦　岩波書店 (1996)

相対性理論入門講義 (現代物理学入門講義シリーズ)　風間洋一 (1997)

ゼロから学ぶ相対性理論　竹内薫　講談社 (2001)

特殊および一般相対性理論について　アルバート・アインシュタイン著　金子務訳　白樺社 (2004)

相対性理論 (基礎物理学選書)　江沢洋　裳華房 (2008)

マンガでわかる相対性理論　新藤進　ソフトバンククリエイティブ (2010)

相対性理論　杉山直　講談社 (2010)

ゼロからわかる相対性理論　佐藤勝彦ら監修　ニュートンプレス (2019)

いちばんやさしい相対性理論の本　三澤信也　彩図社 (2017)

相対性理論　福江純　講談社 (2019)

相対性理論の全てがわかる本　科学雑学研究倶楽部　ワンパブリシング (2021)

出典

P18「錬金術」Wikipedia「錬金術」より (https://commons.wikimedia.org/w/index.php?curid=1173733)

P46「マイケルソン」Wikipedia「アルバート・マイケルソン」より (https://commons.wikimedia.org/w/index.php?curid=2622010)

P46「モーリー」Wikipedia「エドワード・モーリー」より (https://commons.wikimedia.org/w/index.php?curid=17416314)

P47「レーマー」Wikipedia「オーレ・レーマー」より（https://commons.wikimedia.org/w/index.php?curid=302624）

P95「ツァーリ・ボンバ」Wikipedia「ツァーリ・ボンバ」より（By User:Croquant with modifications by User:Hex – 投稿者自身による作品, CC 表示-継承 3.0, https://commons.wikimedia.org/w/index.php?curid=5556903）

P115「1919年の日食」Wikipedia「1919年5月29日の日食」より（https://commons.wikimedia.org/w/index.php?curid=182028）

P116「アインシュタインの十字」Wikipedia「アインシュタインの十字架」より（https://commons.wikimedia.org/w/index.php?curid=2237885）

P118「LIGO」Wikipedia「LIGO」より（Umptanum - 自ら撮影, CC 表示-継承 3.0,https://commons.wikimedia.org/w/index.php?curid=2591541）

P127「ルイ・ド・ブロイ」Wikipedia「ルイ・ド・ブロイ」より（https://commons.wikimedia.org/w/index.php?curid=62216）

P134「ハイゼンベルグ」Wikipedia「ヴェルナー・ハイゼンベルク」より（Bundesarchiv, Bild 183-R57262 / 不明 / CC-BY-SA 3.0, CC BY-SA 3.0 de, https://commons.wikimedia.org/w/index.php?curid=5436254）

P156「褐色矮星」Wikipedia「褐色矮星」より（https://commons.wikimedia.org/w/index.php?curid=2133576）

P159「スーパーカミオカンデ」
写真提供 東京大学宇宙線研究所 神岡宇宙素粒子研究施設

P168「降着円盤」Wikipedia「降着円盤」より（https://commons.wikimedia.org/w/index.php?curid=78156）

P171「『M87』のブラックホール」Wikipedia「M87（天体）」より（イヴェント・ホライズン・テレスコープ, uploader cropped and converted TIF to JPG - https://www.eso.org/public/images/eso1907a/ (image link) The highest-quality image (7416x4320 pixels, TIF, 16-bit, 180 Mb), ESO Article, ESO TIF, CC　表　示 4.0, https://commons.wikimedia.org/w/index.php?curid=77925953）

P174「鉄の輝線スペクトル」Wikipedia「スペクトル」より（https://commons.wikimedia.org/w/index.php?curid=721697）

P181「ハッブル」Wikipedia「エドウィン・ハッブル」より（https://commons.wikimedia.org/w/index.php?curid=7212789）

■著者略歴

齋藤　勝裕（さいとう　かつひろ）

1945年5月3日生まれ。1974年、東北大学大学院理学研究科博士課程修了。名古屋工業大学名誉教授。理学博士。専門分野は有機化学、物理化学、光化学、超分子化学。 おもな著書として、「絶対わかる化学シリーズ」全18冊（講談社）、「わかる化学シリーズ」全16冊（東京化学同人）、「わかる×わかった！ 化学シリーズ」全14冊（オーム社）、『レアメタルのふしぎ』『マンガでわかる有機化学』『マンガでわかる元素118』（以上、SBクリエイティブ）、『生きて動いている「化学」がわかる』『生きて動いている「有機化学」がわかる』『元素がわかると化学がわかる』（ベレ出版）など多数。

本書の内容に関するお問い合わせは弊社HPからお願いいたします。

図解　身近にあふれる「相対性理論」が3時間でわかる本

2021年 7月 27日　初版発行

著　者　齋藤　勝裕

発行者　石野栄一

〒112-0005 東京都文京区水道2-11-5
電話 (03) 5395-7650 （代表）
(03) 5395-7654 （FAX）
郵便振替 00150-6-183481
https://www.asuka-g.co.jp

明日香出版社

■スタッフ■　BP事業部　久松圭祐／藤田知子／藤本さやか／田中裕也／朝倉優梨奈／竹中初音／畠山由梨／竹内博香
BS事業部　渡辺久夫／奥本達哉／横尾一樹／関山美保子

印刷　株式会社フクイン
製本　株式会社フクイン
ISBN978-4-7569-2162-8 C0040

身近な疑問が ＼＼ すっきり解消する ／／ 好評シリーズ！

図解 身近にあふれる「天文・宇宙」が 3時間でわかる本

塚田 健 著

定価 1650円　20/09 発行

B6 並製　ISBN978-4-7569-2070-6

私たちの身のまわりの生活と、「天文・宇宙」との関係についてフォーカスしながら、宇宙の面白さをひもといていきます。身のまわりの話題から、時空を超えたトピックまで、ナゾだらけの宇宙話を楽しめます。

図解 身近にあふれる「化学」が 3時間でわかる本

齋藤 勝裕 著

定価 1540円　20/05 発行

B6 並製　ISBN978-4-7569-2082-9

汚れを落とす洗剤、遺伝子組換えやゲノム編集など、私たちは化学の恩恵を受けた生活を送っています。そんな身近な化学の不思議や仕組みを、前知識のない方でも読めるやさしい解説でひもときます。

図解 身近にあふれる「微生物」が 3 時間でわかる本

左巻 健男 編著
定価 1540 円　19/01 発行
B6 並製　ISBN978-4-7569-2011-9

食品や土作り、上下水道管の運営など、私たちの生活は目には見えない（ことが多い）微生物とともにあります。そんな微生物のあれこれを、中学生レベルの科学知識でも読みこなせる 1 冊に仕上げました。

図解 身近にあふれる「放射線」が 3 時間でわかる本

児玉 一八 著
定価 1760 円　20/02 発行
B6 並製　ISBN978-4-7569-2076-8

誤解に満ちていて、ときに不必要な不安や恐れをもたらすこともある「放射線」の世界を、前知識なしの読者でも読める内容で構成しました。
知識を身につけて正しく恐れるために、ぜひ学んでみてはいかがでしょうか。

図解 身近にあふれる「物理」が 3時間でわかる本

左巻 健男 編著

定価 1540 円 20/07 発行

B6 並製 ISBN978-4-7569-2098-0

公式や計算式などはほぼ登場しない、文系でも楽しく読める物理の本を作りました。街角から宇宙まで、あらゆるところにあるのが物理現象です。そんな身のまわりの面白話で、新しい日常を探しに行きませんか。

図解 身近にあふれる「栄養素」が 3時間でわかる本

齋藤 勝裕 著

定価 1540 円 21/02 発行

B6 並製 ISBN978-4-7569-2126-0

私たちの身近な存在である『気象・天気』を総まとめで解説する 1 冊。
気象の勉強は中学校以来やっていない、という方でも楽しみながら読めるやさしい書き口で、あなたを「天気」のめくるめく世界にお連れします。

図解 身近にあふれる「生き物」が 3時間でわかる本

左巻 健男 編著
定価 1540 円　18/03 発行
B6 並製　ISBN978-4-7569-1959-5

身近にいる生き物を、小さなものはウイルスから虫や鳥、大きなものはクマやマグロまで、そしてもちろん私たちヒトもふくめて全部で 63 項目取り上げました。
生活の中にいつも登場する生き物の " おもしろい話 " がいっぱいです！

図解 身近にあふれる「危険な生物」が 3時間でわかる本

西海 太介 著
定価 1540 円　19/07 発行
B6 並製　ISBN978-4-7569-2037-9

山や海、森はもちろん、生活空間の周りに危険な生物はたくさんいます。皆さんはどれだけ知っているでしょうか？
本書は全 50 種の動植物を取り上げました。また、万が一襲われてしまったときの対処法や、被害を防ぐ方法もわかります。

図解 身近にあふれる「心理学」が 3時間でわかる本

内藤 誼人 著
定価 1540円　18/06 発行
B6並製　ISBN978-4-7569-1975-5

職場や街中、買い物や人づきあいなど、
私たちの何げない日常には「心理学」で
説明できることがたくさんあります。
そうした「身近にあふれる心理学」を、
ベストセラー著者である内藤誼人さんが
ひも解きます。

図解 身近にあふれる「男と女の心理学」が 3時間でわかる本

内藤 誼人 著
定価 1540円　18/12 発行
B6並製　ISBN978-4-7569-2007-2

私たちの生活、そして人生は、男と女に
よって彩られています。なにげない会話
やしぐさ、好みなどから、その裏側にあ
る心理を読み解いたり、上手に関係を築
く（モテる！）にはどうしたらいいかと
いったテクニック的な要素まで、ふんだ
んに盛り込みます。

図解 身近にあふれる「科学」が 3時間でわかる本

左巻 健男 編著

定価 1540 円　17/07 発行

B6 並製　ISBN978-4-7569-1914-4

ふだん気にもしないで使っているアレも
コレも、考えてみればどんなしくみで動
いているのか、気になりませんか？
そんなしくみを科学でひも解きながら、
やさしく解説します。

図解 もっと身近にあふれる「科学」が 3時間でわかる本

左巻 健男 編著

定価 1540 円　18/09 発行

B6 並製　ISBN978-4-7569-1991-5

私たちの生活は「科学」の恩恵にあふれ
ています。
食品やラップに包丁、洗剤、電気、AI スピー
カー等々、家の中だけでもたくさんの「科
学」があります。
そんな「身近にあふれる科学」を 55 個厳
選して紹介します。

図解 身近にあふれる「元素」が 3時間でわかる本

左巻 健男 編著・元素学たん 著

定価 1540円　21/05 発行

B6並製　ISBN978-4-7569-2138-3

ふだん何気なく過ごしている私たちの日常は、すべて元素によって成り立っています。

本書は、そんな私たちの生活とともにある元素ばかりを取り上げ、その成り立ちやしくみについて解説しています。

図解 身近にあふれる「気象・天気」が 3時間でわかる本

金子 大輔 著

定価 1540円　19/08 発行

B6並製　ISBN978-4-7569-2044-7

私たちの身近な存在である『気象・天気』を総まとめで解説する1冊。

気象の勉強は中学校以来やっていない、という方でも楽しみながら読めるやさしい書き口で、あなたを「天気」のめくるめく世界にお連れします。